山东省水利工程建设质量与安全监督工作手册

山东省水利工程建设质量与安全中心 编

中国水利水电出版社
www.waterpub.com.cn
·北京·

内 容 提 要

本手册根据国家有关水利工程建设质量与安全管理的法律、法规、规章及山东省地方水利工程建设管理规定和要求，以水利工程建设质量与安全监督职责为主线，认真贯彻落实水利部强监管总基调，按照水利部《水利工程建设质量与安全生产监督检查办法（试行）》（水监督〔2019〕139号）、《水利建设工程质量监督工作清单》（办监督〔2019〕211号）和山东省水利工程建设的实际情况编撰成册，内容丰富、资料详实，具有很强的实用性和操作性，有助于更好地履行山东省水行政主管部门监督职能，规范水利工程建设市场，推进水利工程建设质量安全监督工作标准化。

本手册供山东省水利工程建设质量安全监督部门内部参考使用，从事水利水电工程质量与安全监督工作的人员可参考使用。

图书在版编目（CIP）数据

山东省水利工程建设质量与安全监督工作手册 / 山东省水利工程建设质量与安全中心编. -- 北京 : 中国水利水电出版社, 2020.11
ISBN 978-7-5170-9070-0

Ⅰ. ①山… Ⅱ. ①山… Ⅲ. ①水利工程－工程质量－质量监督－山东－手册 Ⅳ. ①TV512-62

中国版本图书馆CIP数据核字(2020)第206441号

书　　名	**山东省水利工程建设质量与安全监督工作手册** SHANDONG SHENG SHUILI GONGCHENG JIANSHE ZHILIANG YU ANQUAN JIANDU GONGZUO SHOUCE
作　　者	山东省水利工程建设质量与安全中心　编
出版发行	中国水利水电出版社 （北京市海淀区玉渊潭南路1号D座　100038） 网址：www.waterpub.com.cn E-mail：sales@waterpub.com.cn 电话：（010）68367658（营销中心）
经　　售	北京科水图书销售中心（零售） 电话：（010）88383994、63202643、68545874 全国各地新华书店和相关出版物销售网点
排　　版	中国水利水电出版社微机排版中心
印　　刷	清淞永业（天津）印刷有限公司
规　　格	170mm×240mm　16开本　8.5印张　126千字
版　　次	2020年11月第1版　2020年11月第1次印刷
定　　价	**32.00**元

《山东省水利工程建设质量与安全监督工作手册》

编　委　会

序 >>>

为全面贯彻落实党的十九大决策部署，紧紧围绕“五位一体”总体布局和“四个全面”战略布局，着眼“两个一百年”奋斗目标，牢记党中央“干到实处，走在前列”的指示要求，践行“节水优先、空间均衡、系统治理、两手发力”的治水思路，紧紧围绕“水利工程补短板，水利行业强监管”的水利改革发展总基调，认真落实山东省委省政府新发展理念，坚持质量强省和工作标准化战略总目标，结合省内外水利工程建设质量与安全监督检查的先进经验，根据山东省水利工程建设实际，2019年我们组织工程建设质量与安全监督骨干人员编制完成了《山东省水利工程建设质量与安全监督工作手册》。几年来，我们以水问题为导向，着力推进“山东省水安全保障总体规划”，布局“一纵双环”骨干水网，服务水利改革和发展大局，圆满完成了全省重点水利工程建设质量与安全生产监督、稽查和飞检工作，对提高全省水利工程建设管理水平起了重要作用。

近两年“温比亚”“利奇马”台风引起的水灾重创了我省水利工程，严重威胁了人民生命财产的安全。省委省政府站在“以人为本”的高度提出“根治水患，防治干旱”的治水要求，找准水利工程短板，大力推进水利项目建设，全力解决人民日益增长的美好生活需要和水利发展不平衡不充分之间的矛盾。仅2020年全省就投资580多亿元，涉及1600多项水利工程项目，在工程建设中，水行政主管部门认真履行政府监督职能，不断规范水利建设市场，纠正人的错误行为，消除和减少工程建设质量安全隐患，为保障山东省重点水利工程有序建设发挥了重要作用。

希望本手册能成为水利工程建设质量与安全监督管理人员便捷实

用的工具，为进一步推进水利工程建设质量与安全监督工作标准化建设进程，提升质量与安全监督工作水平，为实现人水和谐的治理体系和治理能力现代化做出贡献。

王祖利

2020年11月

前言

为了确保水利工程建设的质量与安全，更好地履行水行政主管部门监督职能，规范山东水利工程建设市场，推进水利工程建设质量安全监督工作的标准化，山东省水利工程建设质量与安全中心组织编写了《山东省水利工程建设质量与安全监督工作手册》，本手册以水利工程建设质量与安全监督职责为主线，贯彻执行“《水利工程建设质量与安全生产监督检查办法（试行）》（水监督〔2019〕139号）及《水利建设工程质量监督工作清单》（办监督〔2019〕211号）”，结合山东水利工程建设的实际情况，对监督项目站的建立、工程建设各个阶段监督工作的主要内容和要点进行了系统说明，为水利工程建设质量与安全监督工作提供了基本工作思路和方法。

本手册编制过程中，广泛征求了水利厅有关处室及各市水行政主管部门水利工程建设管理专家的意见；中国水利工程协会会长孙继昌对手册编制提出了宝贵的建议，在此表示衷心的感谢。

本手册供山东水利工程建设质量安全监督部门参考使用。在使用过程中如有建设性意见及建议，亦请及时函告山东省水利工程建设质量与安全中心。

编者

2020年11月10日

目录

第一章
监督项目站建立

第一节　工程质量安全监督制度的有关规定

一、有关工程建设质量监督的规定

《建设工程质量管理条例》（2000 年 1 月 30 日国务院令第 279 号发布，2017 年国务院令第 687 号修订，2019 年国务院令第 714 号修改）规定：国家实行建设工程质量监督管理制度，县级以上地方人民政府交通、水利等有关部门在各自的职责范围内，负责对本行政区域内的专业建设工程质量的监督管理。建设工程质量监督管理可由建设行政主管部门或其他有关部门委托的建设工程质量监督机构具体实施。

《水利工程质量管理规定》（1997 年 12 月 21 日水利部令第 7 号发布，2017 年水利部令第 49 号修订）规定：水利工程质量实行项目法人负责、监理单位控制、施工单位保证和政府监督相结合的质量管理体制。政府对水利工程的质量实行监督制度，按照分级管理的原则由相应水行政主管部门授权的质量监督机构实施质量监督。水利工程质量由项目法人负全面责任，监理、设计、施工等单位按照合同及有关规定对各自承担的工作负责，质量监督机构履行政府部门监督职能，不代替项目法人、监理、设计、施工等单位的质量管理。

《水利工程质量监督管理规定》（水建〔1997〕339号）规定：水行政主管部门主管水利工程质量监督工作。水利工程质量监督机构是水行政主管部门对水利工程质量进行监督管理的专职机构，依法对水利工程质量进行强制性监督管理。工程建设、监理、设计和施工单位在工程建设阶段，必须接受质量监督机构的监督。

二、有关工程建设安全生产监督的规定

《建设工程安全生产管理条例》（2003年11月24日国务院令第393号发布）规定：国家实施对建设工程安全生产的监督管理，国务院负责安全生产监督管理的部门依照《中华人民共和国安全生产法》的规定，对全国建设工程安全生产工作实施综合监督管理。

县级以上地方人民政府交通、水利等有关部门在各自的职责范围内，负责对本行政区域内的专业建设工程安全生产的监督管理。建设行政主管部门或其他有关部门可以将施工现场的监督检查委托给建设工程质量监督机构具体实施。

《水利工程建设安全生产管理规定》（2005年7月22日水利部令第26号发布，2019年水利部令第50号修订）规定：水行政主管部门和流域管理机构按照分级管理权限，负责水利工程建设安全生产的监督管理，委托的安全生产监督机构负责水利工程施工现场的具体监督检查工作。

三、有关工程建设质量安全生产的地方规章

根据《山东省水利工程建设质量与安全生产监督检查办法（试行）》（鲁水监督字〔2019〕16号）第六条：山东省水利厅和市、县（市、区）人民政府水行政主管部门是水利工程建设质量、安全生产监督检查单位。

省水利厅对全省的水利工程建设质量、安全生产实施统一监督管理，指导市、县（市、区）人民政府水行政主管部门的质量与安全生产管理工作；负责对组织监督检查的水利工程质量、安全生产问题进行认定和责任追究等工作。

市、县（市、区）人民政府水行政主管部门对本行政区域内的水

利工程建设质量与安全生产实施监督管理，负责对组织监督检查的水利工程质量、安全生产问题进行认定和责任追究。

综上，山东省各级地方水行政主管部门是其区域范围内的水利工程建设质量与安全生产的监督主体，可委托专门的监督机构（以下简称“监督机构”）对其区域范围内的水利工程建设质量与安全生产监督检查、问题认定，具体的责任追究由相应水行政主管部门的职能部门实施。

本手册仅对专门的监督机构应履行的职责、工作内容进行说明。

第二节　监督项目站组建

一、监督机构监督主体责任的界定

根据《山东省水利工程建设管理办法》（鲁水政字〔2016〕19号，2019年修订）、《山东省水利厅关于全省水利工程建设质量与安全监督事权、职责划分有关事项的通知》（鲁水监督函字〔2020〕66号）的要求，按照“部门指导、分级管理、分工负责”的原则，省水利厅对全省水利工程建设质量与安全监督事权进行了划分。

省级水行政主管部门负责由省政府、省级水行政主管部门组建项目法人或由省水利厅直属单位直接实施的水利工程基本建设项目的质量与安全监督；其他水利工程建设项目的质量与安全监督工作由市级水行政主管部门负责，市与县（市、区）水利工程建设项目监督权限划分由市级水行政主管部门根据职责分工与工程实际确定。

省级水行政主管部门负责的水利工程基本建设项目的质量与安全监督工作由省水利工程建设质量与安全监督中心站（以下简称“省中心站”）负责，省水利工程建设质量与安全中心（以下简称“省中心”）承担省中心站的具体工作，承担行政监督职责以外的其他职责。其他项目由市、县（市、区）水利工程建设质量与安全监督机构负责监督。

二、监督机构的设置及项目监督机构的组建

根据《水利工程质量监督管理规定》（水利部水建〔1997〕339

号）规定：水利工程质量监督机构按总站、中心站、站三级设置，水利部设总站，各省、自治区、直辖市水利（水电）厅（局），新疆生产建设兵团水利局设置水利工程质量监督中心站，各地（市）水利（水电）局设置水利工程质量监督站。大型水利工程应建立质量监督项目站，中、小型水利工程可根据需要建立质量监督项目站（组），或进行巡回监督。水利工程质量监督项目站（组）（以下称“项目监督机构”）是相应质量监督机构的派出单位。项目监督机构代表质量监督机构行使水行政主管部门的质量安全监督职能，承担工程建设质量与安全监督职责。

山东省大型水利工程建立质量安全监督项目站；对于面广而量大的中、小型水利工程，水行政主管部门（监督机构）应根据实际情况成立监督项目站（组）或派专职监督人员进行巡回监督。

由省级监督机构负责监督的大型水利工程，项目站由省中心组建，站长由省中心主要负责人担任，其他监督成员由省中心其他工作人员及第三方检测人员（包括社会购买服务人员或聘请的专家）组成，项目站实行站长负责制。其他工程项目，省中心根据工程需要组建监督组进行巡查监督。

市（县）级监督机构监督的工程项目，根据工程类型及实际情况，市（县）级监督机构参照上述模式确定相应的监督组织形式或配备专职监督人员。

项目站监督成员不得在受监督工程的项目法人、设计、施工、监理等单位工作或有利益关系。

三、工程建设质量安全监督手续办理

按照《山东省水利厅关于全省水利工程建设质量与安全监督事权、职责划分有关事项的通知》（鲁水监督函字〔2020〕66号）及相关行政主管部门的要求：根据监督责任界定及行政区域范围划分，项目法人应办理工程建设质量安全监督手续（详见附录A.1）（可登录“山东省水利工程质量与安全监督系统”进行办理，需提交资料遵照该系统要求及有关规定）并提交以下资料：

（1）工程项目建设审批文件。

（2）项目法人（或建设单位）与代建、监理、设计、施工单位签订的合同（或协议）副本。

（3）建设、代建、设计、监理、施工等单位的基本情况和工程质量与安全生产管理组织情况等资料。

（4）参建各方签署的工程质量终身责任承诺书。

（5）危险性较大的单项工程清单和安全管理措施。

（6）其他需要的文件资料。

监督机构根据工程类型及实际情况，确定具体的监督组织机构及人员配备，并签订工程质量与安全监督书（详见附件 A.2）。

第三节　监督依据、工作内容、监督方式与监督权限

一、监督依据

（1）《建设工程质量管理条例》（国务院令 2019 年第 714 号修订）。

（2）《贯彻质量发展纲要提升水利工程质量的实施意见》（水利部水建管〔2012〕581 号）。

（3）《水利工程质量管理规定》（水利部令第 49 号修订）。

（4）《水利工程建设安全生产管理规定》（水利部令第 50 号修订）。

（5）《水利工程质量事故处理暂行规定》（水利部令第 9 号）。

（6）《水利工程质量监督管理规定》（水利部水建〔1997〕339 号）。

（7）《水利监督规定（试行）》（水监督〔2019〕217 号）（以下简称《规定》）。

（8）《关于进一步明确水利工程建设质量与安全监督责任的意见》（水建管〔2014〕408 号）。

（9）《水利工程建设质量与安全生产监督检查办法（试行）》和《水利工程合同监督检查办法（试行）》（水监督〔2019〕139 号）、《山东省水利工程建设质量与安全生产监督检查办法（试行）》和《山东省水利工程合同监督检查办法（试行）》（鲁水监督字〔2019〕16 号）

（以下简称《办法》）。

（10）《生产安全事故报告和调查处理条例》（国务院令第493号）。

（11）《水利工程建设项目档案管理规定》（水利部水办〔2005〕480号）。

（12）《水利水电工程施工质量检验与评定规程》（SL 176—2007）。

（13）《水利水电建设工程验收规程》（SL 223—2008）。

（14）《水利水电工程单元工程施工质量验收评定标准》（SL 631～SL 639）。

（15）《水利水电工程施工安全管理导则》（SL 721—2015）。

（16）其他国家及地方有关水利工程建设质量与安全生产的法律、法规、规程、技术标准及设计文件等。

二、监督工作内容

根据《水利部办公厅关于印发水利建设工程质量监督工作清单的通知》（办监督〔2019〕211号）及《水利部关于印发水利工程建设安全生产监督检查导则的通知》（水安监〔2011〕475号），水利工程质量安全监督工作主要内容如下。

（一）质量监督主要内容

（1）制订监督工作计划。

（2）确认工程项目划分、确认枢纽工程外观质量评定标准。

（3）核备规程中未列出的外观质量项目，核备其质量标准及标准分，对项目法人报送的临时工程质量检验及评定标准进行核备。

（4）开展质量监督检查。

1）对勘测、设计、监理、施工、质量检测、安全监测和有关产品制作单位的资质进行复核。

2）对项目法人（现场管理部门）质量管理体系，勘察、设计单位现场服务体系，监理单位质量控制体系，施工（设备制造安装）单位、检测单位、安全监测单位质量保证体系建立及运行情况进行监督检查。

3）对工程实体质量进行监督检测。根据需要委托具有相应检测资质的第三方对工程开展质量监督检测和质量评估。

(5) 列席法人验收会议。列席项目法人组织的单位工程验收，工程阶段验收，工程竣工验收自查会议；宜列席大型枢纽工程主要建筑物的分部工程验收，可列席其他分部工程及重要隐蔽（关键部位）单元工程验收。

(6) 核备工程质量结论。对项目法人报送的重要隐蔽和关键部位单元工程、分部工程、单位工程以及单位工程外观等质量评定资料进行抽查，并按要求核备工程质量结论。

(7) 质量问题处理。建立质量缺陷备案台账。参加相关项目主管部门组织的质量事故调查，监督工程质量事故的处理。

(8) 编写工程质量评价意见或质量监督报告。阶段验收前编写工程质量评价意见，竣工验收前编写工程质量监督报告。

(9) 参加项目主管部门主持或委托有关部门主持的验收。参加项目主管部门主持或委托有关部门主持的阶段验收和竣工验收。根据竣工验收的需要，对项目法人提出的工程质量抽样检测的项目、内容和数量进行审核，重点审核主体工程或影响工程结构安全的部位。

(10) 受理质量举报投诉，设立质量举报投诉电话、传真、电邮等方式途径，接受公众监督。

（二）安全生产监督主要内容

(1) 对建设单位的安全检查体系、监理单位的安全生产控制体系、施工单位的安全生产保障体系、设计单位（检测单位）现场服务安全体系的建立及运行情况进行监督检查。

(2) 对安全生产措施方案进行备案，并依据其进行监督检查。①项目法人提供的危险性较大的单项工程清单和安全管理措施；②项目法人编制的保证安全生产的措施方案；③拆除工程或者爆破工程相关单位资质等级证明、爆破人员资格证书及施工方案；④重大事故隐患治理方案、治理情况的验证和效果评估结果；⑤重大危险源辨识清单和安全评估的结果；⑥项目法人应组织制定项目生产安全事故应急救援预案、专项应急预案。

(3) 项目建设安全生产设施“三同时”制度执行情况。特种设备的制造、使用是否符合法律、法规、标准的规定要求。

（4）参与生产安全事故的调查处理，并对事故的整改情况进行检查。

（5）向水行政主管部门报告施工现场安全生产监督检查情况，同时按相关规定要求，提交相应的安全生产监督成果报告。

工程建设质量与安全监督工作流程图如图1.1所示。

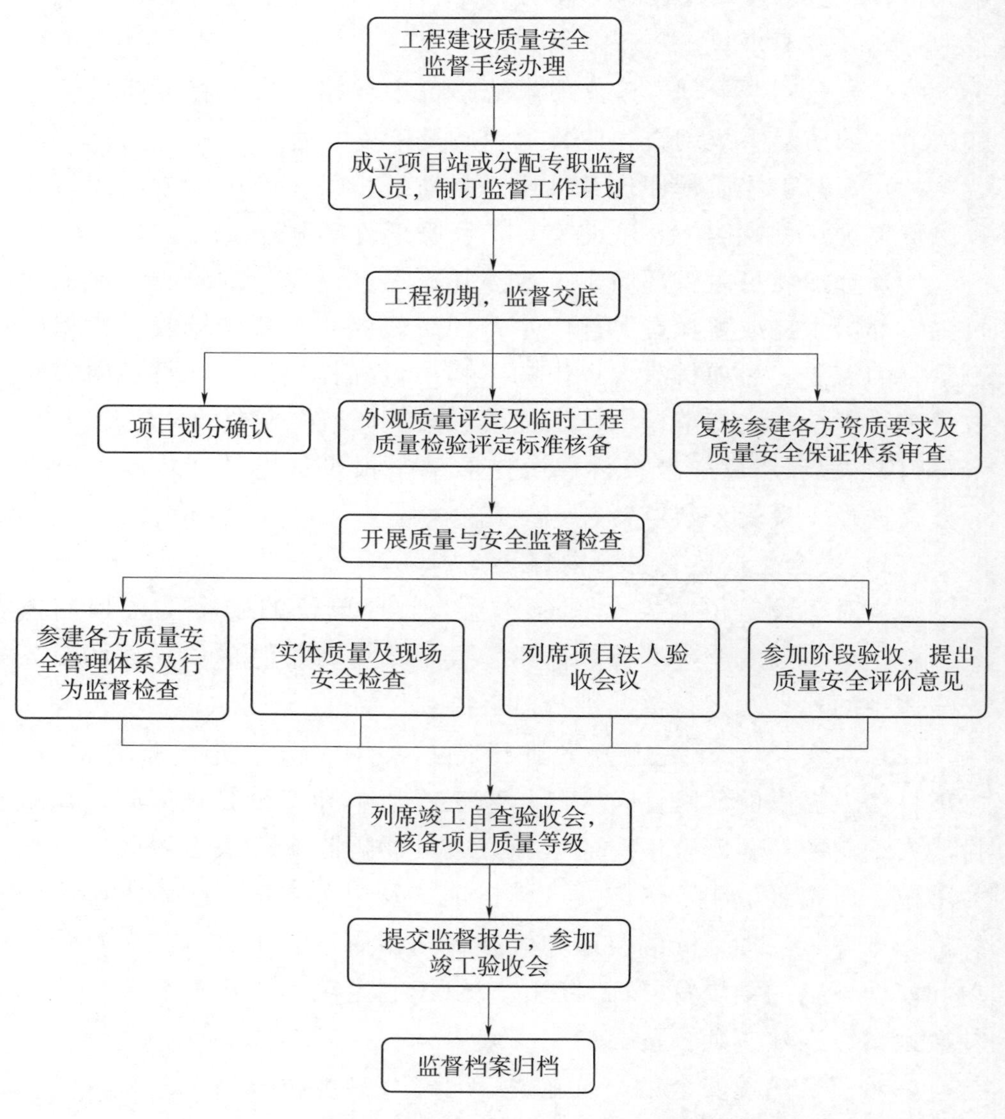

图1.1　工程建设质量与安全监督工作流程图

三、监督工作方式

《水利工程质量管理规定》（1997年水利部令第7号发布，2017年水利部令第49号修订）及《水利工程质量监督管理规定》（水利部水建〔1997〕339号）明确规定：水利工程建设项目质量监督方式以抽查为主。

山东省大型水利工程建立质量安全监督项目站；对于面广而量大的中、小型水利工程，相应水行政主管部门（监督机构）应根据实际情况成立监督项目站或派驻专职监督人员采取多种形式进行工程建设质量安全监督，亦可对多个中小型水利工程进行集中打捆监督、分类集中监督或组织巡查监督，务必做到水利工程建设质量与安全生产监督全覆盖。

工程建设过程中，项目监督机构主要以对受监督单位质量与安全生产管理的行为监督为主，实体质量以第三方质量检测数据为准进行监督，主要方式为巡查或抽查。监督检查发现的问题主要以口头警告、书面通知的方式督促责任单位整改落实。监督机构应建立监督问题台账，跟踪核查问题整改，发现严重影响工程质量与安全问题时，应及时报送相关项目主管部门，并提出责任追究建议。

项目监督机构监督工作成果为监督检查书（结果通知书）、监督检查报告、监督工作记录、监督简报（周报）和监督问题台账等。

四、监督权限

（1）要求被检查单位提供有关工程质量安全的文件和资料；进入被检查单位的施工现场和工程其他场所进行建设质量安全检查、实体检测、调查取证等，调阅建设、监理单位和施工单位的检测试验成果、检查记录和施工记录。在工作中发现有违反建设工程质量安全管理规定的行为和影响工程质量安全的问题时，可采取责令改正、建议局部暂停施工等措施。

（2）质量安全抽查情况通报。在巡查中，对质量与安全管理差的单位提出批评，并通报抽查情况。

（3）工程质量安全整改通知。在巡查中，对发现严重的质量安全问题，以书面形式通知项目法人。项目法人督促相关责任单位整改落实，10日内将整改结果以书面形式报监督机构备案。

（4）停工建议。对工程施工中使用不合格的原材料、构配件、中间产品或严重违反施工程序或工程实体质量低劣，继续施工将存在重大质量安全隐患的，监督机构应提出局部暂停施工的建议，并通知项目法人，由监理单位签发停工通知；质量安全问题处理完毕，监理单位复查合格，项目法人确认并经监督机构同意后，由监理单位签发复工通知。

（5）行政处罚的建议。对施工质量安全存在问题不及时整改或严重违规的单位或个人，监督机构应建议水行政主管部门给予相应的行政处罚等。

第四节　监督规章制度

项目监督机构组建后，根据工作需要，项目监督负责人应及时组织监督人员制定项目监督各项管理规章制度，形成文件，项目监督负责人签认后执行。主要规章制度（详见附录B）应包括：

（1）质量安全监督管理制度。明确项目站的主要任务、工作原则、方式、内容及程序等。

（2）监督人员岗位责任制度。明确监督项目站站长、监督员的岗位职责及项目站的监督职责。

（3）办公规章制度。明确人员考勤、监督检查及情况报告等规定，明确发文签发程序、来文阅批程序及印鉴使用程序等。

（4）会议制度。明确会议召开的频次，参加人员，分析近期监督检查存在的问题，研究解决的办法及下一步采取的措施等。

（5）监督简报（周报、日志）编写规定。明确编写时间、程序、主要内容、格式及发送单位。

（6）档案管理制度，明确责任人，分类方案及组卷要求。

（7）其他。

第二章
工程建设初期监督工作

第一节　编制工程建设质量安全监督计划

一、监督计划

根据工程规模、建设工期长短和监督工作实际需要，编写监督工作计划，跨年度工程制定监督工作总计划和年度计划。工程施工到特定时期，可编写阶段监督计划，或以单位工程为单位编制单位工程监督计划。监督计划应明确监督组织形式、监督任务、工作方式、工作重点等，是具体开展监督工作的指导性、计划性文件，必须经过充分调查和研究后制定，具有针对性和可操作性。

监督计划由项目监督机构成员编制，监督负责人审签后发送项目法人实施。实施过程中，应加强检查，发现问题及时调整，以更好地适应监督实际情况。

二、编制程序

（1）收集有关信息，熟悉并掌握工程建设计划、工程实际进展的情况。

（2）根据工程进度计划及工程现场，确定监督检查组织形式、监督任务、工作方式及重点。

（3）制定监督程序，明确监督时间。

（4）形成监督计划文件（包括文字材料及计划表）。

（5）监督负责人审签后，下发项目法人实施。

三、主要内容

（1）工程建设的基本情况。

（2）监督的范围与期限。

（3）监督的具体内容及时间安排。

（4）监督方式与措施。

（5）明确监督的组织形式及人员安排等。

（6）其他有关事宜。

第二节　主持召开现场质量与安全监督交底会议

项目监督机构正式组建后需尽快组织召开现场质量与安全监督交底会议，参加会议人员应有项目监督机构主要负责人及相关成员，各参建单位分管负责人和具体负责人等。会上宣读项目监督机构成立的文件、机构组成及成员，明确各方责任和义务，对监督方式及计划等进行解释或说明，并做好交底记录（参见附录 C.2）。

第三节　参建单位质量与安全管理体系建立情况监督检查

一、监督工作方法

在工程建设初期，项目监督机构应按照有关国家法律、法规规定及《办法》中质量与安全生产管理违规行为指标等监督检查参建各方的质量与安全管理体系建立情况，形成“各参建单位质量与安全管理体系检查表”（参见附录 D、附录 E，此套表格结合水利部年度项目质

量管理评价评分细则制定，收录《办法》中的质量安全管理的大部分严重问题，其他未列问题应参照《办法》中的要求及相关规范标准进行监督检查，监督机构可结合实际情况进行增减）。

二、监督成果

根据监督检查结果，做好检查记录，对检查中发现的一般问题由项目法人（代建）督促相应责任单位进行整改落实；发现的典型突出问题，项目监督机构应以书面通知（参见附录 C.3）的形式下发整改通知，责成项目法人督导责任单位制定整改措施，建立整改台账，落实问题整改。整改完成后，项目法人应以正式文件的方式将整改资料报项目监督机构审核。

三、监督检查内容

（一）项目法人质量与安全管理体系建立情况（详见附录 D.1、附录 E.1）

1. 质量与安全管理机构设置情况

（1）组织机构建立与报备情况；成立项目质量、安全生产管理领导小组，明确内设机构及管理职责。

（2）明确法人代表，明确技术、质量、安全负责人。技术负责人应具有满足要求的技术职称，并负责过水利工程的建设管理相关工作。

（3）机构设置及人员配备应合理，人员应包括满足工程实际需要的技术、质量安全、合同信息等方面的管理人员。

2. 质量与安全生产管理规章制度的建立情况

（1）建立健全管理规章制度。建立相应工程质量管理领导责任制，责任追究和质量奖惩制度，质量管理岗位责任，工程质量缺陷管理制度、安全生产例会制度，工程质量检查验收制度、安全事故报告制度、设计变更审查制度、工程档案管理制度等。

（2）工程质量检测措施。项目法人应具备一般的质量检测能力，可委托有资质的工程质量检测单位进行工程实体质量抽检。制定检测方案并报备。

（3）工程项目划分报批情况。

（4）安全生产保证措施方案及危大工程项目清单等安全生产资料的报备情况。

（5）其他。

（二）勘察设计单位现场服务体系建立情况（详见附录 D.3、附录 E.3）

（1）设计资质等级及业务范围是否符合工程等级要求，有关勘察设计文件签发手续是否齐全。

（2）施工现场设代机构设置及设代人员的资格和专业配备是否满足合同要求和施工需要。

（3）建立健全设计技术交底制度，安全生产责任制度等。

（4）现场设计通知、设计变更的审核、签发制度是否完善。

（5）开工前，设计交底情况。

以上所提内容均要求提交原件或复印件备查。

（三）监理单位质量与安全控制体系建立情况（详见附录 D.5、附录 E.5）

（1）监理机构的资质复核。

（2）现场监理机构设置及人员配备情况；检查监理人员的专业和数量是否满足合同要求。

（3）监理人员资格要求。总监理工程师必须具有“水利工程建设监理工程师资格证书”及高级专业技术资格，监理工程师必须持有“水利工程建设监理工程师资格证书”。未取得上述岗位证书、资格证书和虽已取得监理工程师资格证书但未登记注册的人员，不得从事水利工程监理工程师工作。

（4）管理规章制度的建立情况。主要包括：技术文件核查、审核和审批制度，原材料、中间产品和工程设备报验制度，工程质量报验制度，会议制度，监理报告制度及工程验收制度，安全生产责任制度（教育培训、隐患排查）等。

（5）监理规划和监理实施细则的编制。监理规划应在监理大纲的

基础上，结合施工单位的施工组织设计、总进度计划进行编制，用于指导监理机构开展监理工作，应对项目监理计划、组织、程序、方法等做出表述。在施工措施计划批准后、专业工程施工前或专业工作开始前，编制专项监理实施细则，明确具体的控制措施、方法和要求。同时对危大工程编制监理专项实施细则。

（6）检查监理单位对施工的保障体系及施工准备情况是否履行了监理检查。

（四）施工单位质量与安全保证体系建立情况（详见附录 D.7、附录 E.7）

（1）施工单位的资质等级、安全生产许可证是否符合合同及工程等级要求。

（2）施工现场项目经理部的建立情况。组织机构是否健全，是否按投标书中的承诺组建，项目经理、技术负责人及安全员是否满足合同要求。

（3）质检机构的建立情况。是否设立了专门的质检机构，质检员的专业、数量配备能否满足施工质量检查的要求。是否设立现场的检测试验室，试验检测人员是否持证上岗，仪器设备是否经计量检定部门率定，外委项目检测机构是否具备相应资质要求等。

（4）建立健全规章制度。主要包括：工程质量、安全岗位责任制，工程质量管理制度，“三检制”制度，工程原材料（中间产品）检测制度，质量事故及各项安全生产管理制度等。

（5）对施工单位执行的规程、规范、质量标准进行检查，对施工记录表格、验收与质量评定表格进行检查。检查是否符合当前行业的有关规定。

（6）对施工单位进场的人员、机械设备进行抽查。抽查机械设备是否与投标书中承诺的相一致，检查施工人员是否到位、关键岗位人员是否有上岗证书。

（7）施工组织设计、施工方法、质量保证措施、专项施工方案等编制及报批情况。

（8）质量与安全生产教育培训及技术交底情况。

以上所提内容均要求提交原件或复印件备查。

（五）质量检测单位保证体系建立情况（详见附录 D.9、附录 E.4）

（1）检测资质等级及业务范围是否符合工程等级要求。

（2）工地试验室人员资格和专业配备是否满足合同要求和施工需要。

（3）现场设备仪器是否率定等。

（4）是否建立各项质量安全保证制度等。

第四节　质量检测与安全生产措施方案的报备

一、质量检测方案的报备

根据《水利工程质量检测技术规程》（SL 734—2016）的要求，项目法人在工程施工开始前，应委托具有相应资质的检测单位对工程质量进行全过程检测。项目法人可组织质量检测、监理等单位，依据相关规定编制检测方案，报质量监督机构备案（参见附录 C.5）。

二、安全生产方案备案

根据《水利水电工程施工安全管理导则》（SL 721—2015）要求，项目法人应对如下安全生产措施备案：

（1）项目法人在办理安全监督手续时，应当提供危险性较大的单项工程清单和安全管理措施（参见附录 C.6）。危大工程评判依据为《水利水电工程施工安全管理导则》（SL 721—2015）附录 A 的标准。

（2）项目法人应组织编制保证安全生产的措施方案，并于开工之日起 15 日内报有管辖权的水行政主管部门及安全生产监督机构备案（参见附录 C.5）。建设过程中情况发生变化时，应及时调整保证安全生产的措施方案，并重新备案。

安全生产的措施方案应至少包括如下内容：

1）项目概况。

2）编制依据和安全生产目标。

3）安全生产管理机构及相关负责人。

4）安全生产的有关规章制度制定情况。

5）安全生产管理人员及特种作业人员持证上岗情况等。

6）重大危险源监测管理和安全事故隐患排查治理方案。

7）生产安全事故应急救援预案。

8）工程度汛方案。

9）其他有关事项。

（3）项目法人应在拆除工程或者爆破工程施工15日前，按规定将下列资料报送项目主管部门、安全生产监督机构备案（参见附录C.5）。

备案内容如下：

1）施工单位资质等级证明、爆破人员资格证书。

2）拟拆除或拟爆破的工程及可能危及毗邻建筑物的说明。

3）施工组织方案。

4）堆放、清除废弃物的措施。

5）生产安全事故的应急救援预案。

（4）重大事故隐患治理方案应由施工单位主要负责人组织制定，经监理单位审核，报项目法人同意后实施。项目法人应将重大事故隐患治理方案报项目主管部门和安全生产监督机构备案（参见附录C.5）。

由项目法人组织各参建单位进行重大事故隐患辨识，对重大事故隐患编制治理方案。重大事故隐患判定依据为《水利工程生产安全重大事故隐患判定标准（试行）》（水安监〔2017〕344号）文的标准。重大事故隐患治理方案应包括以下内容：

1）重大事故隐患描述。

2）治理的目标和任务。

3）采取的方法和措施。

4）经费和物资的落实。

5）负责治理的机构和人员。

6）治理的时限和要求。

7）安全措施和应急预案等。

同时，事故隐患治理完成后，项目法人应组织对重大事故隐患治理情况进行验证和效果评估，并签署意见，报项目主管部门和安全生产监督机构备案（参见附录C.7）。

（5）有关参建单位应按月、季、年对隐患排查治理情况进行统计分析，形成书面报告，经单位主要负责人签字后，报项目法人。项目法人应于每月5日前、每季度第一个月的15日前和次年1月31日前，将上月、季、年隐患排查治理统计分析情况报项目主管部门、安全生产监督机构（参见附录C.8）。

（6）项目法人应将重大危险源辨识和安全评估的结果印发各参建单位，并报项目主管部门、安全生产监督机构及有关部门备案（参见附录C.5）。重大危险源辨识依据《水利水电工程施工安全管理导则》（SL 721—2015）中的标准。

安全评估报告应包括以下内容：

1）安全评估的主要依据。

2）重大危险源的基本情况。

3）危险、有害因素的辨识与分析。

4）发生事故的可能性、类型及严重程度。

5）可能影响的周边单位和人员。

6）重大危险源等级。

7）安全管理和技术措施。

8）评估结论与建议等。

（7）根据危险源的评估结果及现场实际情况，项目法人应组织制定项目生产安全事故应急救援预案、专项应急预案，并报项目主管部门和安全生产监督机构备案（参见附录C.5）。

第三章 建设实施阶段监督工作

第一节 工程项目划分确认

在主体工程开工前，项目法人应组织勘察设计、监理、施工等单位进行工程项目划分，确定主要单位工程、主要分部工程、重要隐蔽单元工程和关键部位单元工程，报项目监督机构审核确认。

项目监督机构收到项目划分书面报告后，应在14个工作日内对项目划分进行确认，并将确认结果书面通知项目法人。

项目划分的审核确认应严格按《水利水电工程施工质量检验与评定规程》（SL 176—2007）和《水利水电工程单元工程施工质量验收评定标准》（SL 631～SL 639）等规范标准要求，结合工程结构特点、施工部署及施工合同要求进行，一般划分为单位工程、分部工程、单元（工序）工程等三级，划分结果应有利于保证施工质量及质量管理。

工程实施过程中，需对单位工程、主要分部工程、重要隐蔽单元工程和关键部位单元工程的项目划分进行调整时，项目法人应重新报送工程质量监督机构确认。

第二节　工程质量评定标准确认

一、单位工程外观质量评定标准

根据《水利水电工程施工质量检验与评定规程》（SL 176—2007）的要求，在主体工程开工初期，项目法人应组织监理、设计、施工等单位，根据工程特点（工程等级及使用情况）和相关技术标准，提出水工建筑物外观质量标准及标准分；对规程中未列出的外观质量项目，项目法人应组织参建各方根据工程情况和有关技术标准进行补充；质量标准及标准分由项目法人报项目监督机构核备（参见附录C.5），对枢纽工程的外观质量评定标准进行确认。

二、临时（围堰、导流等）工程质量检验及评定标准

由项目法人组织监理、设计及施工等单位根据工程特点，参照《单元工程评定标准》和其他相关标准确定，并报相应的工程质量监督机构核备（参见附录C.5）。

三、单元工程质量标准及评定表的报批

工程项目中如遇《水利水电工程单元工程施工质量验收评定标准》（SL 631～SL 639）中未涉及的项目质量评定标准时，其质量标准及评定表格，由项目法人组织监理、设计及施工单位按水利部有关规定进行编制，并报工程质量监督机构批准（参见附录C.5）。

第三节　参建单位质量与安全管理体系运行情况的监督检查

一、监督方法

主体工程开工后，项目监督机构应按照有关国家法律、法规的规

定及《办法》中质量与安全生产管理违规行为指标等对参建单位的管理体系运行情况进行检查，形成“参建单位质量与安全管理体系运行检查表”（参见附录D、附录E）。根据《水利建设工程质量监督工作清单》（办监督〔2019〕211号）文件要求及工程建设进展情况，采用巡查监督的方式，原则上每年不少于两次。

二、监督成果

根据监督检查结果，做好检查记录。对于一般问题，由项目法人督促责任单位进行整改落实；对于典型突出问题，项目监督机构须以书面通知（参见附录C.3）的形式下发整改通知，项目法人督导责任单位整改到位，整改资料经项目法人确认后（参见附录C.4），报项目监督机构审核。

三、监督检查内容

（一）项目法人质量与安全管理体系运行情况（详见附录D.2、附录E.2）

（1）质量与安全管理体系运行是否正常，管理工作是否及时有效。

（2）与工程质量安全有关的规程、规范，技术标准，特别是强制性条文的执行情况的检查；是否对工程质量做到定期和不定期检查。

（3）是否有明示或暗示勘察设计、监理、施工等单位违反强制性标准、降低工程质量和迫使承包方任意压缩合理工期的行为。

（4）设计变更是否履行了相关手续。

（5）工程质量等级评定及法人验收是否规范；是否有未经验收或验收不合格的工程擅自交付使用。

（6）是否及时组织对重要隐蔽（关键部位）单元工程、分部工程、单位工程质量进行评定和验收，验收资料是否及时报送项目监督项目机构核备。质量缺陷是否按规定处理备案。

（7）重大危险源辨识、安全生产措施落实情况；工程质量事故、生产安全事故是否按规定进行报告、调查、分析、处理。

（8）是否对参建单位的质量行为和实体工程质量进行了监督检查；安全生产综合检查、专题会议及安全例会召开情况，安全生产措施费用落实情况等。

（9）历次检查发现的问题整改情况。

（二）勘察设计单位服务体系运行情况（详见附录 D.4、附录 E.3）

（1）勘察设计现场服务体系是否落实，现场设代人员是否常驻工地，勘察设计代表人员的资格和专业配备是否满足合同要求。

（2）设计修改变更是否符合有关变更程序，图纸供应与设计通知是否及时。

（3）是否按规定及时参加各类工程验收，并明确指出是否满足设计要求。

（4）基础面、边坡和洞室开挖等重要隐蔽工程验收是否有地质编录描述。

（5）是否按规定参与了质量缺陷及质量事故的调查与分析。

（6）是否有指定材料、构配件、设备等生产厂家、供应商的行为。

（7）对工程建设标准强制性条文的执行情况。

（8）对历次检查发现的问题的整改情况。

（三）监理单位质量与安全控制体系运行情况（详见附录 D.6、附录 E.6）

（1）质量、安全控制制度执行情况，控制体系运行情况。

（2）监理人员变更情况，总监理工程师是否常驻工地，投标承诺派驻现场的监理人员是否到位，人员变更是否办理变更手续，是否满足工程各专业质量控制的要求。

（3）与工程质量安全有关的规范规定、技术标准的执行情况。

（4）监理规划和监理实施细则编制及落实情况。现场监理旁站、巡视和平行检测或跟踪检测等工作的开展情况。

（5）是否审查施工组织设计中安全生产技术措施或专项施工方案情况，是否对强制性标准进行了符合性检查。安全防护设施检查验收

情况。

（6）是否及时对施工单位的质量检验结果进行了核实，对单元工程（工序）进行复核认证，履行签字手续等。是否对质量缺陷资料进行了备制等。

（7）对现场发现的使用不合格材料、构配件、设备等和发生质量问题的调查处理情况。

（8）是否按时召开监理例会，及时填写监理日志，上报监理月报，对存在的质量和安全问题是否有具体的记录。

（9）对历次检查发现的问题的整改落实情况。

（四）施工单位质量与安全保证体系运行情况

1. 施工单位保证体系运行情况（详见附录 D.8、附录 E.8）

（1）质量与安全保证体系运行是否正常。

（2）项目经理、技术负责人、专职安全员、质检员等是否按合同承诺到位，人员变更是否符合相关规定，并具有相应资格及上岗证书。

（3）检查有关施工的规程、规范、技术标准，特别是强制性条文的执行情况。

（4）经过批准的施工组织设计或施工方案的执行情况。

（5）特种作业人员是否持证上岗。

（6）施工质量检查“三检制”落实情况。

（7）是否严格执行了见证取样送检制度，原材料、中间产品的质量检测项目、数量是否满足规范和设计要求。

（8）单元工程质量检验与评定是否符合规范标准的要求，是否使用规范的评定表格。重要隐蔽（关键部位）单元工程是否办理了联合验收签证手续等。

（9）施工质量缺陷是否按规定进行了处理。

（10）质量事故报告制度的执行情况。

（11）对历次检查发现的问题的整改情况。

2. 施工现场安全行为监督检查内容（详见附录 E.8）

（1）工程参建各方执行安全法律法规和建设强制性标准情况。

（2）工程安全设施是否与主体工程同时设计、同时施工、同时投入生产和使用。

（3）检查各专项安全生产措施方案及备案情况。

（4）检查施工单位的安全生产许可证及管理人员和特种作业人员持证上岗情况。

（5）检查施工单位安全生产责任制度、安全培训教育及保证安全生产资金落实情况。

（6）对重大危险源的辨识、登记、公示情况，危大工程专项实施方案编制及落实情况，生产安全事故应急救援预案情况。

3. 施工现场安全检查内容（详见附录 E.9）

（1）施工单位是否在施工现场明显位置设置安全警示标志，爆破物是否按规定存放。

（2）安全帽、安全带、安全网及道口等的安全防护情况。

（3）脚手架及模板支撑体系是否按审批的方案进行搭设，是否按规定设置剪刀撑和扫地杆，是否进行了安全设施验收。

（4）施工起重机械设备的安全设施和装置情况。

（5）对高边坡、深基坑、地下暗挖工程边坡位移和沉降的监测情况，是否采取了排水、临时支护及防护网等。

（6）施工用电的电压、负荷及电线电缆的搭设是否满足安全规范要求。

（7）对历次检查发现的问题的整改情况。

（五）检测单位质量保证体系运行情况（详见附录 D.10、附录 E.4）

（1）单位资质是否符合有关规定要求，质量检测体系是否健全。

（2）所出具的工程质量检测报告是否真实、准确、公正，是否符合规范要求。

（3）是否严格执行了施工质量检测的其他相关要求。

（4）对历次检查发现的问题的整改情况。

（六）其他单位质量安全行为监督检查

在工程实施阶段，工程的原材料供应商、中间产品的制作单位及施工协作单位均在不同施工阶段以不同的形式参与了工程建设，项目

监督机构应适时对其质量安全行为按相关规定进行抽查。重点监督检查单位资质是否符合规定，质量安全体系是否健全，关键岗位人员是否持证上岗，质量安全行为是否合法等。

第四节 日常巡查监督及工程实体质量监督检测

此项工作贯穿于整个工程建设期间，监督方式为不定期抽查，对工程的重点部位及关键工序进行巡查，对工程实体质量进行监督抽测等。

一、日常巡查监督

项目监督机构应根据《办法》的要求对水利工程做好日常巡查监督，对各参建单位的质量与安全生产管理行为进行监督检查，通过“查、认、改、罚”的环节纠正错误行为，规范工程建设管理工作。对发现的问题做好问题分类、认定及下发通知督促整改，此类工作可随监督检查参建单位的质量与安全生产管理体系建立及运行情况时一并进行。项目监督机构应根据“规定”的要求，依据《办法》，按照发现问题的数量、性质、严重程度建议地方水行政主管部门按照行政职责权限进行责任追究。

项目监督机构对一般工程部位，以抽查监督为主，对重要隐蔽工程、工程的关键部位、工程质量有怀疑的施工部位及参建单位工程质量安全管理活动进行重点监督检查。对发现的一般质量安全问题，及时告知相关责任方进行整改，对发现的违反技术规程、规范和质量标准或设计文件的行为进行纠正；对违法违规行为及重大质量安全问题应及时上报上级主管部门进行责任追究。

监督人员可登录“山东省水利工程质量与安全监督系统”，下载监督检查移动终端App，利用“互联网+”技术对工程进行现场监督检查，调查取证，问题认证，自动生成监督检查报告，完成项目监督机构的日常监督。

二、实体检测

根据《水利建设工程质量监督工作清单》（办监督〔2019〕211号）文件要求、工程建设情况及监督工作的需要，项目监督机构可委托有相应资质的检测机构对工程实体进行质量监督抽检，监督检测在主体工程施工期间原则上每年不少于1次。

实体质量监督检测前，监督检测单位应认真做好检测方案，主要对主体工程或影响工程结构安全部位的原材料、中间产品及工程实体进行质量抽检。检测单位重点对工程质量的薄弱环节及工程关键部位进行检测，检测结果应及时以《监督检测报告书》的形式送达委托单位。项目监督机构应及时将检测结果通知项目法人，对检测结果为不合格的项目应提出明确的监督意见，并跟踪问题的落实整改情况，以此为依据做好质量缺陷备案或质量事故处理的核备工作。

第五节 工程质量评定工作监督检查

一、质量评定依据

（1）《水利水电工程施工质量检验与评定规程》（SL 176—2007）。

（2）《水利水电工程单元工程施工质量验收评定标准》（SL 631～SL 639）。

（3）国家及水利水电行业有关工程施工规程、规范及技术标准。

（4）经批准的设计文件、施工图纸、金属结构设计图纸与技术条件等。

（5）经项目监督机构确认的工程项目划分、外观质量评定标准等。

（6）工程试运行的试验及观测分析成果等。

二、监督方式

项目监督机构应适时根据有关规定对施工过程中的工程质量评定

进行监督抽查，做好检查记录，将发现的主要问题以监督检查书（参见附录C.3）的形式通知相关责任方整改落实。

三、监督检查内容

（1）抽查施工工序中的检查检测项目应有原始记录，记录是否真实、完整、齐全，质量评定应符合规范要求。

（2）工程质量评定表格是否采用统一的部颁评定表格，自制评定表格是否报监督机构确认，质量标准应符合设计和规范要求，评定应及时、规范，监理审核签认手续应齐全、真实、可靠。

（3）重要隐蔽（关键部位）单元工程等级是否经过联合小组验收，质量等级签证表及备查资料是否齐全、真实、完整等，其质量等级评定是否报监督机构进行核备。

（4）检查分部工程与单位工程施工质量等级评定是否及时、资料是否齐全。

（5）施工中发生过的质量缺陷和质量事故处理后，质量评定结果是否符合规范规定要求。

第六节　质量安全问题的处理

一、质量缺陷备案

施工过程中工程发生质量缺陷的，项目监督机构应及时督促项目法人按规定进行质量缺陷备案。质量缺陷备案资料由监理单位组织备制，备案内容应真实、全面、完整；工程参建单位代表在质量缺陷备案表上签字，有不同意见应明确记载。项目法人负责填写《水利工程施工质量缺陷备案表》（参见附录C.9）报项目监督机构备案。

工程竣工验收时，项目法人（建设单位）应向竣工验收委员会汇报，并提交历次质量缺陷备案资料。

二、质量事故处理

工程质量事故发生后，项目法人应按照管理权限和有关规定及时向上级主管部门汇报，同时报项目监督机构；有关单位应按“三不放过”原则，调查事故原因，研究处理措施，查明事故责任者，并根据《水利工程质量事故处理暂行规定》做好事故处理工作。项目法人应将审定的处理方案及时报项目监督机构备案，项目监督机构根据实际情况应及时派员到现场监督质量事故的处理。

工程质量事故处理后，项目法人应委托具有相应资质的工程质量检测单位进行检测，按照处理方案确定的质量标准，重新进行工程质量评定，并报项目监督机构备案、复核。

三、质量安全问题举报调查处理

项目监督机构收到工程建设质量安全举报后，做好举报记录，并填写《工程质量安全投诉（举报）登记表》（参见附录 F.1）。对于匿名举报的，根据实际情况妥善处理。署名举报的，项目监督机构应认真、慎重对待，同时做好保密工作，并及时安排人员到现场调查处理，提出《工程质量安全投诉调查报告》（参见附录 F.2）。回复举报人举办事处理意见（参见附录 F.4），明确举报事宜是否受理或责成有关单位进行处理等。

经查确实存在质量安全问题的，项目监督机构下发书面通知责成项目法人采取措施限期整改（参见附录 F.3）。问题严重的，责令停工整顿，并向水行政主管部门报告，追究相关责任单位和责任人的责任。

工程质量安全问题处理完毕后，相关责任方应书面提交质量安全问题处理完毕的证明材料（参见附录 F.5），项目监督机构复查后，做好工程质量安全投诉处理记录（参见附录 F.6），署名举报质量问题的，调查处理结果要及时回复举报人。

四、施工现场安全隐患的处理

监督人员在对施工现场进行安全检查时，应当及时纠正施工中违

反安全生产要求的行为；对检查中发现的安全事故隐患，下发整改通知书督促整改；重大安全事故的隐患排除前或者排除过程中无法保证安全的，责令从危险区域内撤出作业人员或者暂时停止施工。

对于安全防护局部不符合规范要求或是有安全隐患的工程，应及时发出监督整改通知书，要求项目法人督促施工单位限期整改。施工单位进行整改并经监理单位审核、项目法人确认后，书面报告监督项目站备案。

对于拒不整改或者整改达不到要求的工程项目，项目监督机构可以报请项目主管部门依法对有关单位进行处罚。

五、生产安全事故的应急救援和调查处理

（1）施工单位根据项目生产安全事故应急预案体系、工程施工现场易发生重大事故的部位、环节及事故类型和风险因素，制定施工现场生产安全事故应急救援预案、专项应急预案及现场处置方案，配备相应救援器材、设备，并定期组织演练。方案经监理单位审核，报项目法人备案。

（2）发生生产安全事故时，相关责任单位应迅速、有效地实施先期处置，启动相应应急预案，防止事故扩大；同时，按照国家有关伤亡事故报告和调查处理的规定，及时、如实地向负责安全生产监督管理的部门以及水行政主管部门或者流域管理机构报告。

（3）水利工程建设生产安全事故的调查、对事故责任单位和责任人的处罚与处理，应按照有关法律、法规的规定执行。

第四章 工程验收阶段监督工作

第一节　工程评定验收质量结论核备

一、重要隐蔽（关键部位）单元工程质量评定核备

根据《水利水电工程施工质量检验与评定规程》（SL 176—2007）的规定，重要隐蔽单元工程及关键部位单元工程质量经施工单位自评合格、监理单位抽检后，由项目法人（或委托监理）、监理、设计、施工、工程运行管理等单位组成联合小组，共同检查核定其质量等级并填写签证表，报工程质量监督机构核备（参见附录C.10）。监督机构根据实践情况，可列席重要隐蔽（关键部位）单元工程验收会。

核备时，监督机构主要审核的内容：重要隐蔽（关键部位）单元工程质量等级签证；单元工程（工序）质量验收评定表、施工单位终检资料、监理抽检复核表等备查资料；地质编录、测量成果、检测试验报告（岩芯试验、软基承载力试验、结构强度等）；其他资料（监理旁站资料、质量缺陷备案资料等）。

二、分部工程验收结论核备

根据《水利水电工程施工质量检验与评定规程》（SL 176—2007）、《水利水电建设工程验收规程》（SL 223—2008）等有关规定，

分部工程质量，在施工单位自评，监理单位复核，项目法人认定后，应由项目法人（可委托监理单位）组织进行分部工程验收，质量监督机构宜派代表列席大型枢纽工程主要建筑物的分部工程验收会议，根据情况，提出列席会议意见（参见附录C.15）。分部工程验收后10日内，项目法人应将验收质量结论和相关资料报送质量监督机构核备（参见附录C.11）。

核备时，监督机构主要审核的内容：单元工程、分部工程施工质量评定、分部工程验收鉴定书及有关质量检测成果；遗留问题及质量缺陷备案的处理；历次监督检查问题整改情况等。

三、单位工程外观质量评定结果核备

单位工程外观质量标准及标准分应由项目法人组织监理、设计、施工等单位研究确定后报监督项目站核备，外观质量评定办法按《水利水电工程施工质量检验与评定规程》（SL 176—2007）中有关的规定执行。工程外观质量评定组根据现场检查、检测结果评定其工程外观质量等级，工程外观质量评定结论由项目法人报工程质量监督机构核备。

核备时，监督机构主要审核的内容：工程外观质量评定表、外观质量现场抽测记录表及有关质量检测成果等。

四、单位工程验收结论核备

根据《水利水电工程施工质量检验与评定规程》（SL 176—2007）、《水利水电建设工程验收规程》（SL 223—2008）等有关规定，对于单位工程质量，在施工单位自评，监理单位复核，项目法人认定后，应由项目法人主持召开单位工程验收，质量监督机构应派员列席单位工程验收会议，根据情况，提出列席会议意见（参见附录C.15）。单位工程验收后10日内，项目法人应将验收质量结论和相关资料报送质量监督机构核备（参见附录C.12）。

核备时，监督机构主要审核的内容：单位工程验收鉴定书、单位工程质量评定表；单位工程施工资料检验与评定资料核查表、有关质量检测成果、单位工程施工期及试运行期观测资料分析结果、遗留问题及质量缺陷备案的处理；历次监督检查问题整改情况等。

五、工程项目质量评定结论核备

根据《水利水电工程施工质量检验与评定规程》（SL 176—2007）、《水利水电建设工程验收规程》（SL 223—2008）等有关规定，工程项目质量，在单位工程质量评定合格后，由监理单位进行统计并评定工程项目质量等级，项目法人认定。

在申请竣工验收前，项目法人应组织各参建单位召开工程竣工验收自查，质量安全监督机构应派员列席自查工作会议。工程竣工验收自查工作完成10日内，项目法人应将自查的工程项目质量结论和相关资料报质量监督机构核备（参见附录C.13）。

核备时，监督机构主要审核的内容：自查工程项目质量结论和相关资料的完整性；有关质量检测成果；工程施工期及试运行期观测资料分析结果。遗留问题及质量缺陷备案的处理；历次监督检查问题整改情况等。

六、工程项目施工质量等级核备注意事项

（1）根据《水利水电工程施工质量检验与评定规程》（SL 176—2007）中工程施工质量评定标准及《水利水电建设工程验收规程》（SL 223—2008）验收规定进行工程质量核备审查，主要审查质量资料是否规范齐全、评定验收程序是否合规，监督检查问题是否整改到位等。

（2）质量监督机构在收到项目法人（建设单位）报送的质量核备文件后，对报送的核备资料进行核查，在20个工作日内将核备意见书反馈给项目法人。

（3）如果项目法人报送的质量核备资料不齐全或有错误，不满足核备要求，质量监督机构应退回资料并一次性告知存在的问题及所需补充的资料，核备的期限以重新报送的日期计。

第二节　阶　段　验　收

根据《水利水电建设工程验收规程》（SL 223—2008）的规定，工程阶段验收包括枢纽工程导（截）流验收、水库下闸蓄水验收、引（调）排水工程通水验收、水电站（泵站）首（末）台机组启动验收、部分工程投入使用验收以及竣工验收主持单位根据工程建设需要增加的其他验收。阶段验收应由竣工验收主持单位或其委托单位主持，质量监督机构应派员参加。

在阶段验收前，质量监督机构应提交工程质量评价意见（参见附录C.14）。阶段验收时，工程项目一般没有全部完成，验收范围内的工程有时构不成完整的分部工程或单位工程，监督机构可参照单位工程施工质量评定的方式对验收范围内的工程质量进行评价或编写质量监督报告。

第三节　工　程　竣　工　验　收

根据《水利水电建设工程验收规程》（SL 223—2008）规定，工程竣工验收分竣工技术预验收和竣工验收两个阶段。大型水利工程在竣工技术预验收前，应按照有关规定进行竣工验收技术鉴定；对于中型水利工程，竣工验收主持单位可根据需要决定是否进行竣工验收技术鉴定。

项目法人组织各参建单位完成工程竣工验收自查后，应及时申请竣工验收。根据竣工验收的需要，竣工验收主持单位可委托具有相应资质的工程质量检测单位对工程质量进行抽样检测，项目法人提出工程质量抽样检测的项目、内容和数量，经质量监督机构审核后报竣工验收主持单位核定。

根据《水利水电建设工程验收规程》（SL 223—2008）规定，质

量监督机构应在工程竣工验收前编写完成质量监督工作报告，经监督负责人审核批准后提交竣工验收委员会。

工程质量监督报告主要内容如下：

（1）工程概况。

（2）质量监督工作。

（3）参建单位质量管理体系。

（4）工程项目划分确认。

（5）工程质量检测。

（6）工程质量核备。

（7）工程质量事故和缺陷处理。

（8）工程质量结论意见。

（9）附件。

1）有关该工程项目质量监督人员情况表。

2）工程建设过程中质量监督意见（书面材料）汇总。

第五章 档案资料管理

一、质量监督档案要求与管理

根据《水利工程建设项目档案管理规定》（水办〔2005〕480号）和《水利工程建设项目档案验收管理办法》（水办〔2008〕366号）规定，项目监督机构监督档案是以《水利工程质量与安全监督书》规定的被监督工程项目为对象，以项目监督机构的建立、质量与安全监督工作的开展至竣工验收后的整个监督期为时段，对项目监督机构监督工作的真实记载。水利工程质量监督档案工作是质量监督工作的重要组成部分，必须及时、系统、准确、完整地整理质量监督工作文件资料，明确监督文件材料的归档范围和保管期限，做好方案分类及组卷归档等工作。档案工作必须做到如下几点：

（1）系统性。归档材料从监督书的签订至工程结束的整个监督期间，包括项目站的演变过程、人员培训、制度制定与完善过程、不同阶段不同方面的质量安全监督工作的开展情况等。

（2）准确性。归档文件必须真实地记录和准确地反映工程项目质量安全监督的实际情况，图、文相符，技术数据可靠，签字手续完备，字迹清晰，文件符合档案管理的有关规定。

（3）完整性。归档材料必须能真实地记录和反映项目监督机构质量安全监督实施方案（计划）的贯彻落实、参建单位资质及人员资格审查、质量安全体系检查、项目划分确认与外观质量评定标准的核备、质量安全监督检查记录与施工质量检验资料核查、工程质量核备、施工质量评价意见及工程质量监督报告及有关单位的来往文件等质量安全监督工作的全过程。

（4）统一管理。项目监督机构应建立完善的档案管理制度，指定专人集中统一管理，编制文件资料目录，将文件资料按国家有关的档案管理办法建档立卷保存。

二、监督资料归档的分类与主要内容

（1）项目监督机构的建立资料包括：成立文件、项目监督书、各项规章制度文件。

（2）质量与安全监督方案（计划）资料包括：下发监督方案的通知、各阶段的监督计划、监督方案调整补充通知。

（3）质量与安全体系建立及运行情况检查资料。

（4）工程项目划分确认资料包括：工程项目划分方案表、监督机构对工程项目划分确认文件。

（5）质量与安全监督检查资料包括：监督检查记录、现场监督检查整改通知书、质量监督抽样检测报告及其整改落实情况回复文件。

（6）质量和安全问题资料包括：水利工程施工质量缺陷备案表、质量与安全事故报告、质量事故调查报告、质量事故处理方案、质量事故处理结果。

（7）施工质量及安全生产的核备资料。

（8）阶段验收（竣工验收）工程质量监督评价意见（工程质量监督报告）文件。

（9）项目监督机构文件资料包括：发文文件、工作报告或工作总结、通报、质监简报、会议纪要。

（10）上级部门及政府部门文件。

（11）质量检测单位文件资料包括：检测方案、检测报告。

（12）图片及其他。

三、文件资料收集与存档

项目监督机构应将工作中形成的有关工程的各种材料按档案主管

部门的要求，由专人及时进行收集、整理和立卷。待工程完成竣工验收后，项目监督机构应根据主管部门监督机构的要求及时上交档案资料，并办理移交档案手续。

参 考 文 献

[1] 广西水利水电工程质量与安全监督中心站．水利水电工程质量与安全监督项目站工作手册［M］．北京：中国水利水电出版社，2014.

[2] 水利部水利建设与管理总站．水利部水利工程质量监督总站直属项目站工作手册［M］．北京：海洋出版社，2003.

附录A　水利工程建设质量与安全监督手续办理

A.1　水利工程建设质量与安全监督申请书

A.2　水利工程质量与安全监督书

A.1　水利工程建设质量与安全监督申请书

水利工程建设质量与安全监督申请书

工程名称：

项目法人（建设单位）：

年　　月　　日

填表说明：

1. 本申请书由项目法人（建设单位）填写，对所填内容真实性负责。

2. 项目法人申请质量与安全监督须报经属地水行政主管部门同意。

3. 项目法人向监督机构提交本申请书时，须将附件要求资料一并提交。

4. 项目法人（建设单位）应认真、如实填写工程建设控制性工期，配合质量与安全监督单位开展质量安全监督工作。

5. 申请书中填写字迹应清晰、整洁、工整，不得使用铅笔、圆珠笔。表格填写不下时，可另外附页。

6. 本申请书一式四份，提交监督机构二份，属地水行政主管部门和项目法人各留存一份。

山东省水利工程建设质量与安全监督申请书

地方水行政主管部门（或监督机构）：

　　工程名称　　初步设计已批复，项目招标已实施，监理、施工单位已确定，并具备了开工条件。按照《建设工程质量管理条例》（国务院令第279号）、《建设工程安全生产管理条例》（国务院令第393号）、《水利工程质量管理规定》、《水利工程质量监督管理规定》等有关规定，现申请工程建设质量与安全监督，请予办理。

附件：1. 山东省水利工程建设质量与安全监督登记表
　　　2. 监督申请附件资料（根据规定需要的备案资料）

项目法人（建设单位）负责人（签章）：

年　　月　　日

　　同意由省、市、县工程质量与安全监督机构根据国家有关法律、规章及规范规定对该工程建设进行质量与安全监督，履行本工程建设期间的质量与安全监督职责。

地方水行政主管部门（或监督机构）：

年　　月　　日

附件1：

山东省水利工程建设质量与安全监督登记表

<table>
<tr><td colspan="2">工程名称</td><td></td><td>建设地点</td><td></td></tr>
<tr><td colspan="2">主管部门</td><td></td><td>监督登记号</td><td></td></tr>
<tr><td rowspan="4">初步设计
报告</td><td>批准机关</td><td colspan="3"></td></tr>
<tr><td>批准日期</td><td colspan="3"></td></tr>
<tr><td>批准文件</td><td colspan="3"></td></tr>
<tr><td>批复工期</td><td colspan="3"></td></tr>
<tr><td colspan="2">计划开工日期</td><td></td><td>计划竣工日期</td><td></td></tr>
<tr><td colspan="2">主要建设内容</td><td colspan="3"></td></tr>
<tr><td rowspan="2">主要工程量</td><td>土石方</td><td>万 m^3</td><td>混凝土及
钢筋混凝土</td><td>万 m^3</td></tr>
<tr><td>机电金结</td><td></td><td>其他</td><td></td></tr>
<tr><td colspan="2">总投资</td><td>万元</td><td>建安工程量</td><td>万元</td></tr>
<tr><td colspan="2">质量目标</td><td colspan="3"></td></tr>
<tr><td>工程
概况</td><td colspan="4"></td></tr>
<tr><td>工程
建设
工期
安排</td><td colspan="4"></td></tr>
</table>

续表

<table>
<tr><td rowspan="12">项目
法人
单位</td><td>单位名称</td><td colspan="4"></td></tr>
<tr><td>通信地址
及邮编</td><td colspan="4"></td></tr>
<tr><td>联系人</td><td colspan="2"></td><td>电话</td><td></td></tr>
<tr><td>传真</td><td colspan="2"></td><td>电子邮箱</td><td></td></tr>
<tr><td rowspan="2">法定代表人</td><td>姓名</td><td></td><td>职务</td><td></td></tr>
<tr><td>手机</td><td></td><td>职称</td><td></td></tr>
<tr><td rowspan="2">技术负责人</td><td>姓名</td><td></td><td>职务</td><td></td></tr>
<tr><td>手机</td><td></td><td>职称</td><td></td></tr>
<tr><td rowspan="2">质量负责人</td><td>姓名</td><td></td><td>职务</td><td></td></tr>
<tr><td>手机</td><td></td><td>职称</td><td></td></tr>
<tr><td rowspan="2">安全负责人</td><td>姓名</td><td></td><td>职务</td><td></td></tr>
<tr><td>手机</td><td></td><td>职称</td><td></td></tr>
<tr><td rowspan="11">勘察、设计单位（若为多家单位，应分列，并填写相应的设计内容）</td><td>单位名称</td><td colspan="4"></td></tr>
<tr><td>资质等级</td><td colspan="2"></td><td>证书编号</td><td></td></tr>
<tr><td>通信地址
及邮编</td><td colspan="4"></td></tr>
<tr><td>联系人</td><td colspan="2"></td><td>电话</td><td></td></tr>
<tr><td>传真</td><td colspan="2"></td><td>电子邮箱</td><td></td></tr>
<tr><td rowspan="2">法定
代表人</td><td>姓名</td><td></td><td>职务</td><td></td></tr>
<tr><td>手机</td><td></td><td>职称</td><td></td></tr>
<tr><td rowspan="2">技术
负责人</td><td>姓名</td><td></td><td>职务</td><td></td></tr>
<tr><td>手机</td><td></td><td>职称</td><td></td></tr>
<tr><td rowspan="2">项目
负责人</td><td>姓名</td><td></td><td>职称</td><td></td></tr>
<tr><td>手机</td><td></td><td>证书编号</td><td></td></tr>
</table>

续表

<table>
<tr><td rowspan="9">监理单位</td><td colspan="2">单位名称</td><td colspan="3"></td></tr>
<tr><td colspan="2">资质等级</td><td></td><td>证书编号</td><td></td></tr>
<tr><td colspan="2">通信地址及邮编</td><td colspan="3"></td></tr>
<tr><td colspan="2">联系人</td><td></td><td>电话</td><td></td></tr>
<tr><td colspan="2">传真</td><td></td><td>电子邮箱</td><td></td></tr>
<tr><td rowspan="2">法定代表人</td><td>姓名</td><td></td><td>职务</td><td></td></tr>
<tr><td>手机</td><td></td><td>职称</td><td></td></tr>
<tr><td rowspan="2">项目总监</td><td>姓名</td><td></td><td>职称</td><td></td></tr>
<tr><td>手机</td><td></td><td>证书编号</td><td></td></tr>
<tr><td rowspan="13">施工单位（若为多家单位，应分列）</td><td colspan="2">单位名称</td><td colspan="3"></td></tr>
<tr><td colspan="2">资质等级</td><td></td><td>证书编号</td><td></td></tr>
<tr><td colspan="2">安全生产许可证号</td><td colspan="3"></td></tr>
<tr><td colspan="2">通信地址及邮编</td><td colspan="3"></td></tr>
<tr><td colspan="2">联系人</td><td></td><td>电话</td><td></td></tr>
<tr><td colspan="2">传真</td><td></td><td>电子邮箱</td><td></td></tr>
<tr><td rowspan="2">法定代表人</td><td>姓名</td><td></td><td>职务</td><td></td></tr>
<tr><td>手机</td><td></td><td>职称</td><td></td></tr>
<tr><td rowspan="2">技术负责人</td><td>姓名</td><td></td><td>职务</td><td></td></tr>
<tr><td>手机</td><td></td><td>职称</td><td></td></tr>
<tr><td colspan="2">项目经理</td><td></td><td>手机</td><td></td></tr>
<tr><td colspan="2">项目技术负责人</td><td></td><td>手机</td><td></td></tr>
<tr><td colspan="2">承建主要内容</td><td colspan="3"></td></tr>
</table>

续表

<table>
<tr><td rowspan="11">金属结构制造单位</td><td>单位名称</td><td colspan="4"></td></tr>
<tr><td>生产许可证编号</td><td colspan="2"></td><td>允许生产设备品类及级别</td><td></td></tr>
<tr><td>通信地址及邮编</td><td colspan="4"></td></tr>
<tr><td>联系人</td><td colspan="2"></td><td>电话</td><td></td></tr>
<tr><td>传真</td><td colspan="2"></td><td>电子邮箱</td><td></td></tr>
<tr><td rowspan="2">法定代表人</td><td>姓名</td><td></td><td rowspan="2">职务</td><td rowspan="2"></td></tr>
<tr><td>手机</td><td></td></tr>
<tr><td rowspan="2">项目负责人</td><td>姓名</td><td></td><td rowspan="2">职务</td><td rowspan="2"></td></tr>
<tr><td>手机</td><td></td></tr>
<tr><td>制造主要内容</td><td colspan="4"></td></tr>
<tr><td>制造工程量</td><td colspan="4"></td></tr>
<tr><td rowspan="11">机电设备制造单位</td><td>单位名称</td><td colspan="4"></td></tr>
<tr><td>生产许可证编号</td><td colspan="2"></td><td>允许生产设备品类及级别</td><td></td></tr>
<tr><td>通信地址及邮编</td><td colspan="4"></td></tr>
<tr><td>联系人</td><td colspan="2"></td><td>电话</td><td></td></tr>
<tr><td>传真</td><td colspan="2"></td><td>电子邮箱</td><td></td></tr>
<tr><td rowspan="2">法定代表人</td><td>姓名</td><td></td><td rowspan="2">职务</td><td rowspan="2"></td></tr>
<tr><td>手机</td><td></td></tr>
<tr><td rowspan="2">项目负责人</td><td>姓名</td><td></td><td rowspan="2">职务</td><td rowspan="2"></td></tr>
<tr><td>手机</td><td></td></tr>
<tr><td>设备制造主要内容</td><td colspan="4"></td></tr>
<tr><td>设备制造工程量</td><td colspan="4"></td></tr>
</table>

A.2 水利工程质量与安全监督书

水利工程质量与安全监督书

工程名称：

项目法人：

监督单位：

省、市（县）监督机构监制

填 写 说 明

1. 水利工程质量与安全监督是水利工程质量与安全监督机构根据水行政主管部门的授权，履行政府部门监督职能，对水利工程质量与安全进行的强制性监督管理，该监督管理不代替项目法人、监理、勘测设计、施工等单位的质量与安全管理工作。

2. 工程概况栏应填写项目的立项审批情况、工程主要建设内容等。

3. 工程建设工期安排栏应填写总工期施工计划、年度施工计划和工程验收计划等。

4. 本监督书除签名外应计算机打印。

<table>
<tr><td colspan="2">工程名称</td><td></td><td>建设地点</td><td></td></tr>
<tr><td colspan="2">主管部门</td><td colspan="3"></td></tr>
<tr><td rowspan="2">项目法人</td><td>名称</td><td colspan="3"></td></tr>
<tr><td>法人代表</td><td></td><td>联系电话</td><td></td></tr>
<tr><td>设计单位</td><td colspan="4"></td></tr>
<tr><td>监理单位</td><td colspan="4"></td></tr>
<tr><td>施工单位</td><td colspan="4"></td></tr>
<tr><td>检测单位</td><td colspan="4"></td></tr>
<tr><td>主要实物
工程量</td><td colspan="2"></td><td>其中</td><td></td></tr>
<tr><td>工　期</td><td>计划开工时间</td><td></td><td>计划竣工时间</td><td></td></tr>
<tr><td>总投资</td><td></td><td>建安工作量</td><td colspan="2"></td></tr>
<tr><td>质量目标</td><td colspan="4"></td></tr>
<tr><td>工程概况</td><td colspan="4"></td></tr>
<tr><td>工程建设
工期安排</td><td colspan="4"></td></tr>
</table>

续表

<table>
<tr><td>根据国家、山东省有关规定，______（项目法人）接受省（市、县）级工程建设质量与安全监督机构对________建设进行质量与安全监督。

项目法人代表（签名并盖章）：

填报日期：　　年　　月　　日</td></tr>
<tr><td>按照国家、山东省有关规定，省（市、县）级工程建设质量与安全监督机构成立工程质量与安全监督项目站，________为站长、________为副站长、________为成员的____________工程质量与安全监督项目站，负责对本工程进行质量与安全监督，履行质量与安全监督职责。项目站负责具体日常监督管理，制定监督计划，办理质量评定项目划分确认手续，定期出具监督检查意见，列席各阶段验收会议，参与主要分部、单位工程及政府验收会议，提交质量安全监督报告，核备项目法人验收质量等级，核备项目质量等级。

省（市、县）级水利工程建设质量与安全监督机构（签名并盖章）：

日　期：　　年　　月　　日</td></tr>
</table>

附录B　项目站质量安全监督规章制度（示范）

B.1　项目站质量安全监督管理制度
B.2　项目站监督人员岗位职责
B.3　项目站办公规章制度
B.4　廉政建设制度
B.5　会议制度
B.6　监督简报编写规定
B.7　档案管理制度
B.8　举报受理制度
B.9　水利工程质量安全监督检查廉政承诺书

B.1　项目站质量安全监督管理制度

1. 认真履行水行政主管部门赋予的政府监督职权，监督检查建设、监理、设计、施工等单位开展的与工程有关的质量安全活动。

2. 以“监督、检查、帮助、促进”为原则，以国家有关法规、技术规程、质量标准、已经批准的设计文件及合同为依据，积极开展质量安全监督工作。

3. 监督方式以抽查为主，定期和不定期对工程质量与安全生产管理行为及工程实体质量进行监督检查。

4. 及时对监理、设计、施工和有关产品制作单位的资质进行复核，对发现的问题，应及时通知建设单位予以纠正。

5. 及时对建设单位质量安全管理体系、监理单位的质量安全控制体系和施工单位的质量安全保证体系、设计单位现场服务体系等监督检查。对不符合要求者，通知相关单位，限期完善。

6. 依据国家有关法规、质量及安全技术标准、设计文件等，对施工过程中的工程质量安全进行监督检查，发现问题，及时通知建设及有关单位。严重问题报省中心站或水行政主管部门。

7. 根据有关规定参加工程质量、生产安全事故的调查、分析与处理及工程验收，公正、公平、负责地评价工程质量等级。

8. 贯彻落实质量安全监督规章制度，做好质量安全监督工作计划，掌握工程质量安全动态，及时实事求是地向上级主管部门汇报工程质量安全情况。

B.2　项目站监督人员岗位职责

一、站长（常务副站长）职责

1. 项目站实行站长负责制，全面负责本工程的工程质量安全监督工作，保证项目站各项工作实施。

2. 组织项目站的学习、会议和工作安排。

3. 负责组织制定、修改监督计划和工作总结、简报等。

4. 参加建设单位、监理单位等外单位的有关会议，深入工地，了解掌握工程质量安全情况，并及时向上级汇报。

5. 组织监督员对各参建单位的质量安全活动及工程实体质量进行监督检查。

6. 组织监督员对工程施工质量等级进行核备，按规范要求参加验收工作并提交施工质量监督报告。

7. 负责对质监员的工作检查和考核。

8. 负责上级和参建单位来文来函的处理。

9. 负责零用消耗品和零星开支的审批。

10. 组织工程监督档案的整理工作。

二、责任监督员岗位职责

1. 认真学习国家有关工程质量安全管理的方针政策、法律、法规和技术标准，不断提高工作能力。

2. 认真学习合同文件，依法监督检查；诚实守信，做好服务。

3. 经常深入被监督单位和施工现场，了解情况，收集信息，及时向站长反映。

4. 参加与质量安全有关的会议，并将有关工程质量安全的问题及时向站长汇报。

5. 认真做好质量安全监督工作记录。

6. 服从站长的领导，遵守项目站的纪律，完成监督站交办的其他工作。

7. 积极主动参加项目站的各项活动，支持项目站的工作。

8. 负责项目站资料、文件的归档工作。

三、项目站监督职责

1. 严格执行国家法律、法规、技术规程、质量标准和已批准的设计文件。

2. 项目站在省中心授权范围内，根据工程需要制定监督计划，开展质量安全监督工作。

3. 工程开工前，项目站应对受监督工程的代建、设计、监理、施工和有关产品制作单位的资质等级及营业范围进行复核。

4. 对工程项目的单位工程、分部工程、单元工程的划分进行监督检查。

5. 对项目法人（代建）质量安全管理体系、设计单位的现场服务体系、监理单位的质量安全控制体系及施工单位的质量保证体系等管理体系建立及运行情况进行检查。

6. 在工程开工初期，对监理单位的试验仪器及施工单位的现场实验室按有关规定进行严格检查。对监理工程师持证上岗情况及施工单位实验室人员持证上岗与关键岗位人员持证上岗情况进行监督检查。

7. 对建设、设计、监理、施工等单位的质量与安全生产行为及施工现场安全生产状况进行监督检查；检查施工单位和监理（建设）单位对工程质量检验和质量评定验收情况；对有关单位的技术规程、规范和质量标准及强制性条文的执行情况进行监督检查。

8. 工程施工中，对建筑物外观质量评定标准进行核备、对工程项目划分进行确认；对重要隐蔽（关键部位）单元工程质量、分部工程施工验收质量等级、单位工程验收质量等级进行核备；依据水利部颁发的《水利工程质量事故处理暂行规定》（水利部令第9号），参与受监督工程质量与生产安全事故的调查、分析、处理。

9. 在施工期间，对监理工程师的旁站监理进行监督检查，对施工单位的“三检制”执行情况及其他质量行为进行监督检查。

10. 在施工期间，独立或联合建设单位对工程原材料、中间产品及工程实体进行质量抽检。

11. 在分部工程、单位工程、工程项目验收前，调阅有关质量检验与评定资料，根据有关规定进行检查复核，并核备其施工质量等级。

12. 在政府验收前，按照工程质量核备、实体监督抽测结果及监督检查问题整改情况，编写工程施工质量监督报告并提交验收委员会，报告中明确工程质量合格与否。

B.3 项目站办公规章制度

1. 遵守纪律，严格执行请示报告制度。项目站人员必须遵守作息时间，不随意迟到早退，离开工地要向站长请假，建立考勤制度。

2. 坚持原则，实事求是，认真做好本职工作。客观、准确、全面地反映情况，认真写好质量监督工作日志。坚决杜绝滥用职权、玩忽职守、徇私舞弊行为，如有发现，视情节轻重给予处分。

3. 深入施工现场、严格监督检查，发现质量安全问题及时向站长汇报，项目站以文字形式及时向有关单位通报有关情况，对于严重的质量问题还应及时报省中心站或相关水行政主管部门。

4. 车辆是项目站人员巡查工地和单位办事的交通工具，如因工作需要用车时，由项目站根据情况安排。

5. 电脑、传真机、复印机等办公设备，由专人保管。因工作需要使用时，需经保管人同意后方可动用。严格执行操作规程，杜绝因操作不当损坏设备，严格实行定期维护、专人保养和经常清洗的制度。

6. 凡是以项目站名义下发和上报的文件，必须经拟稿、核稿和签发程序，分发时要办理登记、签字手续。

7. 项目站和站长的印鉴由专人保管和使用。需要使用时应经站长同意。

8. 上级或外单位来文、来电由专人登记、填写“公文处理笺”，送领导批阅，并建档。

9. 节约开支，采购固定资产要报批。固定资产应登记建卡建账，设备要妥善保管。消耗用品购买要有计划，使用要登记。

B.4 廉政建设制度

1. 严格执行中央“八项规定”和廉洁自律的各项规定，坚决执行《党政机关厉行节约反对浪费条例》《党政机关国内公务接待管理规定》，严格按国家、省级有关法律、法规、规定以及本站有关规章制度办事、切实加强党风廉政建设。

2. 坚持公开办事制度、办事程序、办事结果，自觉接受监督，发扬“坚持标准、严格监督、监帮结合、热情服务”的工作作风。

3. 勤政廉政，严禁利用职权“索、拿、卡、要”，不得参加当事人的宴请或娱乐消费活动。

4. 监督人员不得向施工单位推销建筑材料、构配件及设备，不得明示或暗示各方责任主体承接检测、监理等业务，不得在任何被监督责任主体相关的单位兼职。

5. 向各方责任主体公布省中心廉政建设举报电话，接受投诉举报，一经查实，严肃处理。

B.5　会 议 制 度

1. 由站长主持，项目站全体人员参加。

2. 根据工程进展情况，确定例会时间，如周会、月会、季会等。

3. 会议议题：检查总结前一阶段的工程质量安全监督工作，研究当前存在的问题，布置下一步的工作安排。

4. 要求：

（1）会前通知参加会议的人员。

（2）做好会议的准备工作。

（3）要有专人记录。

（4）会后及时出会议纪要，报送监督机构。

B.6　监督简报编写规定

1. 编写时间

（1）定期编写：每年年初、年终，每个施工期初期、末期、高峰期。

（2）不定期编写：工程实施过程中发生重要事件、某一项质量监督工作结束、随时发生的质量安全问题、参建单位开展质量安全管理活动等与质量安全有关的事件。

2. 编写程序

（1）由站长安排监督员起草。

（2）经站长审查定稿。

（3）涉及重要内容的简报，需征求建设单位意见，报省中心审核后印发。

3. 简报内容

（1）工程项目进展情况。

（2）工程项目质量安全监督工作情况。

（3）工程项目质量安全监督检查工作成果。

（4）工程项目上重大技术、质量安全事件。

（5）与工程质量有关的其他情况。

4. 报送单位

报：监督机构、水行政主管部门。

送：建设单位、设计单位、监理单位、施工单位、其他参建单位。

5. 监督简报的格式

工程名称（黑体3号字）；
质监简报（黑体初号字）；
总第期（黑体3号字）；
日期（宋体小3号字）；
标题（黑体2号字）；
内容（宋体小3号字）；
×××项目站（宋体小3号字）；
发送单位（宋体小3号字）。

B.7 档案管理制度

1. 档案资料管理由现场责任监督员负责管理，档案管理应符合国家档案管理的有关规定。

2. 档案资料管理人员要有较强的责任心，妥善保管好档案资料。增强保密意识，做到不丢失文件，不泄露档案机密。

3. 档案柜要保持整洁、美观，做好防盗、防火、防尘、防虫、防鼠工作，保持适宜的温湿度。要严禁烟火，严禁存放易燃品和其他杂物。

4. 档案资料排放合理、整齐美观，使用方便。

5. 查阅档案资料时，应办理登记手续；外单位借阅档案时，须出具单位介绍信。

6. 按规定定期销毁已过保管期限的档案。

B.8　举报受理制度

1. 人民群众或有关单位有权以各种方式反映工程项目建设期间所存在影响工程质量安全问题的行为，举报投诉方式包括书面、口头、电话、信函等形式。

2. 现场责任监督员具体负责工程质量安全问题举报投诉处理管理工作，并及时将问题汇报给项目站站长或省中心站。项目站有权受理监督工程项目的质量安全问题的举报投诉。

3. 项目站接到匿名举报的，应向有关人员了解情况，根据实际情况妥善处理。项目站收到署名举报质量安全问题的，应认真、慎重对待，同时做好保密工作，并及时安排人员到现场调查处理。

4. 经查实存在质量安全问题的，监督人员应形成书面材料报告领导，同时下发通知责成项目法人（建设单位）采取措施立即整改。问题严重的，责令停工整顿，并向水行政主管部门报告，追究相关责任单位和责任人的责任。

5. 署名举报质量安全问题的，调查处理结果要及时回复举报人。

6. 对上级部门批转的工程质量安全投诉，应将投诉调查和处理情况及时书面上报。

B.9 水利工程质量安全监督检查廉政承诺书

为加强党风廉政建设和作风建设，做到廉洁自律、公正监督，进一步规范自己的工作行为，便于组织和同志们对我的监督，本人作以下承诺：

1. 严格执行中央“八项规定”和廉洁自律的各项规定，坚决执行《党政机关厉行节约反对浪费条例》《党政机关国内公务接待管理规定》，严格按国家、省级有关法律、法规、规定以及本站有关规章制度办事、切实加强党风廉政建设。

2. 坚持公开办事制度、办事程序、办事结果，自觉接受监督，发扬“坚持标准、严格监督、监帮结合、热情服务”的工作作风。

3. 勤政廉政，绝不利用职权“索、拿、卡、要”，以及参加当事人的宴请或娱乐消费活动。

4. 不向施工单位推销建筑材料、构配件及设备，不明示或暗示各方责任主体承接检测、监理等业务，不在任何与受监督的责任单位兼职。

承诺人：　　　　　　　　　　　　单位：

日期：

附录C　质量安全监督工作常用文件格式（示范）

C.1　质量安全监督工作记录格式

C.2　水利工程质量安全监督交底记录

C.3　水利工程质量与安全监督检查书（样式一、样式二）

C.4　水利工程质量与安全监督问题整改报告书

C.5　水利工程质量与安全生产方案备案表

C.6　危险性较大的单项工程清单及安全管理措施（样表）

C.7　重大事故隐患治理情况验证和效果评估表

C.8　事故隐患排查记录统计分析表

C.9　水利工程施工质量缺陷备案表

C.10　重要隐蔽（关键部位）单元工程质量结论核备表

C.11　分部工程施工质量核备表

C.12　单位工程施工质量核备表

C.13　工程项目施工质量核备表

C.14　阶段验收工程施工质量评价意见表

C.15　列席工程分部（单位）工程验收意见

C.1　质量安全监督工作记录格式

日期		工程名称	
天气		气温	
填写人：			

C.2　水利工程质量安全监督交底记录

根据国家、水利部和省、市有关水利工程质量安全监督管理规定，以及《水利水电工程施工质量检验与评定规程》（SL 176—2007）、《水利水电建设工程验收规程》（SL 223—2008）及实际工作情况，××年××月××日××省水利工程建设质量与安全监督中心站成立××××工程建设质量与安全监督项目站，站长：××，副站长：××，成员：××。××月××日对××工程建设质量与安全监督工作进行交底，向工程参建单位告知工程质量安全监督的方式、权限、主要内容，以及参建单位配合监督工作的有关要求等，并下发《××工程质量与安全监督计划》等。

监督联系人：　　　　　　　　　　　　　　电话：

参加交底的单位对工程质量安全监督的要求已充分领会和认可。

项目法人（代表签字）：

代建单位（代表签字）：

设计单位（代表签字）：

监理单位（代表签字）：

施工单位（代表签字）：

检测单位（代表签字）：

项目监督机构（代表签字）：

××监督站

××工程项目站

××年××月××日

C.3　水利工程质量与安全监督检查书（样式一）

监督机构：

<table>
<tr><td>项目名称</td><td colspan="3"></td></tr>
<tr><td>建设单位</td><td></td><td>设计单位</td><td></td></tr>
<tr><td>施工单位</td><td></td><td>监理单位</td><td></td></tr>
<tr><td rowspan="8">检查的主要内容及存在问题</td><td colspan="3">1. 主要岗位责任制落实及人员到位履职情况</td></tr>
<tr><td colspan="3"></td></tr>
<tr><td colspan="3">2. 实体工程质量情况</td></tr>
<tr><td colspan="3"></td></tr>
<tr><td colspan="3">3. 施工质量检测情况</td></tr>
<tr><td colspan="3"></td></tr>
<tr><td colspan="3">4. 质量评定和资料整编情况</td></tr>
<tr><td colspan="3"></td></tr>
</table>

续表

<table>
<tr><td rowspan="6">检查的主要内容及存在问题</td><td colspan="2">5. 施工现场管理及安全生产隐患情况</td></tr>
<tr><td colspan="2"></td></tr>
<tr><td colspan="2">6. 防洪度汛预案、质量与安全事故应急预案制定情况</td></tr>
<tr><td colspan="2"></td></tr>
<tr><td colspan="2">7. 其他</td></tr>
<tr><td colspan="2"></td></tr>
<tr><td rowspan="2">监督意见</td><td colspan="2">1. 上次提出的整改意见及要求落实情况</td></tr>
<tr><td colspan="2">2. 项目法人应对本次检查发现的质量安全问题立即组织整改，限于　　年　　月　　日前整改完毕，整改结果报项目监督机构审核</td></tr>
<tr><td colspan="3">监督人员（签字）：
年　　月　　日</td></tr>
<tr><td colspan="2">项目法人现场负责人（签字）：</td><td>监理单位现场负责人（签字）：</td></tr>
<tr><td colspan="2">施工单位现场负责人（签字）：</td><td>勘察设计现场负责人（签字）：</td></tr>
</table>

C.3 水利工程质量与安全监督检查书（样式二）

<table>
<tr><td>工程名称</td><td></td><td>质量监督机构</td><td></td></tr>
<tr><td>监督人员</td><td></td><td>检查时间</td><td>年　月　日
至　年　月　日</td></tr>
<tr><td>检查内容</td><td colspan="3"></td></tr>
<tr><td>发现问题</td><td colspan="3"></td></tr>
<tr><td>整改要求</td><td colspan="3"></td></tr>
<tr><td>项目法人</td><td></td><td>电话</td><td></td></tr>
<tr><td>被检单位
人员签字</td><td colspan="3"></td></tr>
<tr><td>监督人员
签字</td><td colspan="3"></td></tr>
</table>

注：此检查书一式三份，省、市质量监督机构及项目法人各留存一份。

C.4　水利工程质量与安全监督问题整改报告书

<table>
<tr><td>检查单位</td><td></td><td>报告日期</td><td></td></tr>
<tr><td>检查组成员</td><td colspan="3"></td></tr>
<tr><td>存在问题</td><td colspan="3">可以机打或详见附件《水利工程质量监督检查书》</td></tr>
<tr><td>整改完成情况</td><td colspan="3">对照问题逐条整改说明，可以用附件（正式文件）</td></tr>
<tr><td>整改责任单位</td><td colspan="3">负责人（签字）（单位盖章）</td></tr>
<tr><td>监理单位</td><td colspan="3">负责人（签字）（单位盖章）</td></tr>
<tr><td>项目法人</td><td colspan="3">负责人（签字）（单位盖章）</td></tr>
<tr><td>检查组确认</td><td colspan="3">成员（签字）（单位盖章）</td></tr>
</table>

C.5　水利工程质量与安全生产方案备案表

<table>
<tr><td>工程名称</td><td></td></tr>
<tr><td>方案名称</td><td></td></tr>
<tr><td colspan="2">申报简述：
我单位已完成________________________________
________的编制，请予以备案。

申报单位（章）：　　　　　　申报人：</td></tr>
<tr><td colspan="2">备案单位（章）：　　　　　　备案人：

日期：　　　　年　　月　　日</td></tr>
</table>

C.6　危险性较大的单项工程清单及安全管理措施（样表）

项目法人	施工单位	危大工程名称	工程部位	特性描述	判定依据（SL 721—2015附录A）	管理措施要点（大体描述安全生产五落实情况，包括责任、措施、资金、时限、预案）

C.7 重大事故隐患治理情况验证和效果评估表

工程名称：

<table>
<tr><td>评估主持人</td><td></td><td>职务</td><td></td></tr>
<tr><td>评估日期</td><td></td><td>地点</td><td></td></tr>
<tr><td colspan="4">重大事故隐患治理方案概述：</td></tr>
<tr><td colspan="4">治理验证和效果评估：（可另附报告）</td></tr>
<tr><td colspan="4">参加评估人员签名：</td></tr>
<tr><td colspan="4">项目法人：</td></tr>
<tr><td colspan="4">备案意见：
监督机构：　　　　　　　　备案人：</td></tr>
</table>

注： 本表一式　份，由评估单位填写，并印发内部各部门和相关参建单位。

C.8　事故隐患排查记录统计分析表

工程名称：

<table>
<tr><td>序号</td><td>排查
时间</td><td>排查
负责人</td><td>安全隐患
情况简述</td><td>隐患
级别</td><td>整改
措施</td><td>整改
责任人</td><td>处理情况</td><td>复查人</td></tr>
<tr><td></td><td></td><td></td><td></td><td></td><td></td><td></td><td></td><td></td></tr>
<tr><td></td><td></td><td></td><td></td><td></td><td></td><td></td><td></td><td></td></tr>
<tr><td></td><td></td><td></td><td></td><td></td><td></td><td></td><td></td><td></td></tr>
<tr><td></td><td></td><td></td><td></td><td></td><td></td><td></td><td></td><td></td></tr>
<tr><td></td><td></td><td></td><td></td><td></td><td></td><td></td><td></td><td></td></tr>
<tr><td></td><td></td><td></td><td></td><td></td><td></td><td></td><td></td><td></td></tr>
<tr><td></td><td></td><td></td><td></td><td></td><td></td><td></td><td></td><td></td></tr>
<tr><td></td><td></td><td></td><td></td><td></td><td></td><td></td><td></td><td></td></tr>
<tr><td colspan="2">填表人</td><td colspan="2"></td><td>审核人</td><td></td><td colspan="2">项目法人
（负责人）
签字盖章</td><td></td></tr>
<tr><td colspan="2">监督机构</td><td colspan="4"></td><td colspan="2">签收人</td><td></td></tr>
</table>

C.9　水利工程施工质量缺陷备案表

备案登记表编号：

工程名称	
质量缺陷所在 单位工程名称	
序号	质量缺陷名称或类别
备查资料：施工质量缺陷备案表及有关材料	
项目法人认定意见	认定人： 负责人：（盖章） 年　　月　　日
质量监督单位备案意见	备案人： 负责人：（盖章） 年　　月　　日

注：本表一式4份，表后附备案相应资料，质量监督单位备案后留存1份，其余返还项目法人，如发现问题，将通知项目法人重新组织研究处理并重新办理备案登记手续。

C.10　重要隐蔽（关键部位）单元工程质量结论核备表

报送日期：　　　　年　　月　　日

<table>
<tr><td>工程名称</td><td colspan="3"></td></tr>
<tr><td>单位工程名称</td><td colspan="3"></td></tr>
<tr><td>分部工程名称</td><td colspan="3"></td></tr>
<tr><td>序号</td><td>单元工程名称（部位）</td><td>开工、完工时间</td><td>联合签证质量等级</td></tr>
<tr><td>1</td><td></td><td></td><td></td></tr>
<tr><td>2</td><td></td><td></td><td></td></tr>
<tr><td>3</td><td></td><td></td><td></td></tr>
<tr><td>4</td><td></td><td></td><td></td></tr>
<tr><td>备查资料清单</td><td colspan="3">（1）重要隐蔽（关键部位）单元工程质量等级签证。
（2）单元工程（工序）质量验收评定表、施工单位终检资料、监理抽检复核表等备查资料。
（3）地质编录、测量成果、检测试验报告（岩芯试验、软基承载力试验、结构强度等）。
（4）其他资料（监理旁站资料、质量缺陷备案资料等）</td></tr>
<tr><td>项目法人认定意见</td><td colspan="3">认定人：　　　　负责人：　　　（盖公章）
年　　月　　日</td></tr>
<tr><td>质量监督单位核备意见</td><td colspan="3">核备人：　　　　负责人：　　　（盖公章）
年　　月　　日</td></tr>
</table>

注： 本表一式4份，表后附单元工程质量备案相应资料，质量监督单位备案后留存1份，其余返还项目法人，如发现问题，将通知项目法人重新组织复核。

C.11　分部工程施工质量核备表

<table>
<tr><td>单位工程名称</td><td colspan="2"></td><td>施工单位</td><td colspan="3"></td></tr>
<tr><td>分部工程名称</td><td colspan="2"></td><td>施工日期</td><td colspan="3">自　　年　月　日
至　　年　月　日</td></tr>
<tr><td>分部工程量</td><td colspan="2"></td><td>评定日期</td><td colspan="3">年　月　日</td></tr>
<tr><td>项次</td><td>单元工程种类</td><td>工程量</td><td>单元工程个数</td><td>合格个数</td><td>其中优良个数</td><td>备注</td></tr>
<tr><td>1</td><td></td><td></td><td></td><td></td><td></td><td></td></tr>
<tr><td>2</td><td></td><td></td><td></td><td></td><td></td><td></td></tr>
<tr><td>3</td><td></td><td></td><td></td><td></td><td></td><td></td></tr>
<tr><td>4</td><td></td><td></td><td></td><td></td><td></td><td></td></tr>
<tr><td>5</td><td></td><td></td><td></td><td></td><td></td><td></td></tr>
<tr><td>6</td><td></td><td></td><td></td><td></td><td></td><td></td></tr>
<tr><td colspan="2">合计</td><td></td><td></td><td></td><td></td><td></td></tr>
<tr><td colspan="2">重要隐蔽单元工程、关键部位的单元工程</td><td></td><td></td><td></td><td></td><td></td></tr>
<tr><td colspan="3">施工单位自评意见</td><td colspan="2">监理单位复核意见</td><td colspan="2">项目法人认定意见</td></tr>
<tr><td colspan="3">本分部工程的单元工程质量全部合格，优良率为　%，重要隐蔽单元工程及关键部位单元工程　个，优良率为　%。原材料质量，中间产品质量，金属结构及启闭机制造质量，机电产品质量。质量事故及质量缺陷处理情况：

分部工程质量等级：

评定人：

项目技术负责人：（盖公章）

年　月　日</td><td colspan="2">复核意见：

分部工程质量等级：

监理工程师：

年　月　日
总监或副总监：

（盖公章）

年　月　日</td><td colspan="2">审查意见：

分部工程质量等级：

现场代表：

年　月　日
技术负责人：

（盖公章）

年　月　日</td></tr>
<tr><td>工程质量监督机构</td><td colspan="6">核备意见：

核备人：　　　　负责人：

年　月　日</td></tr>
</table>

注： 分部工程验收的质量结论，由项目法人报工程质量监督机构核备。大型枢纽工程主要建筑物的分部工程验收的质量结论，由项目法人报工程质量监督机构核定。

C.12　单位工程施工质量核备表

<table>
<tr><td colspan="2">工程项目名称</td><td colspan="2"></td><td colspan="2">施工单位</td><td colspan="2"></td></tr>
<tr><td colspan="2">单位工程名称</td><td colspan="2"></td><td colspan="2">施工日期</td><td colspan="2">自　年　月　日
至　年　月　日</td></tr>
<tr><td colspan="2">单位工程量</td><td colspan="2"></td><td colspan="2">评定日期</td><td colspan="2">年　月　日</td></tr>
<tr><td rowspan="2">序号</td><td rowspan="2">分部工程名称</td><td colspan="2">质量等级</td><td rowspan="2">序号</td><td rowspan="2">分部工程名称</td><td colspan="2">质量等级</td></tr>
<tr><td>合格</td><td>优良</td><td>合格</td><td>优良</td></tr>
<tr><td>1</td><td></td><td></td><td></td><td>8</td><td></td><td></td><td></td></tr>
<tr><td>2</td><td></td><td></td><td></td><td>9</td><td></td><td></td><td></td></tr>
<tr><td>3</td><td></td><td></td><td></td><td>10</td><td></td><td></td><td></td></tr>
<tr><td>4</td><td></td><td></td><td></td><td>11</td><td></td><td></td><td></td></tr>
<tr><td>5</td><td></td><td></td><td></td><td>12</td><td></td><td></td><td></td></tr>
<tr><td>6</td><td></td><td></td><td></td><td>13</td><td></td><td></td><td></td></tr>
<tr><td>7</td><td></td><td></td><td></td><td>14</td><td></td><td></td><td></td></tr>
<tr><td colspan="8">分部工程共　个，全部合格，其中优良　个，优良率　%，主要分部工程优良率　%</td></tr>
<tr><td colspan="2">外观质量</td><td colspan="6">应得　分，实得　分，得分率　%</td></tr>
<tr><td colspan="2">施工质量检验资料</td><td colspan="6"></td></tr>
<tr><td colspan="2">质量事故处理情况</td><td colspan="6"></td></tr>
<tr><td colspan="2">施工单位自评等级：
评定人：（签名）
项目经理：
（盖公章）
年　月　日</td><td colspan="2">监理单位复核等级：
复核人：（签名）
总监或副总监：
（盖公章）
年　月　日</td><td colspan="2">项目法人认定等级：
复核人：
单位负责人：
（盖公章）
年　月　日</td><td colspan="2">质量监督机构核备意见：
核备人：
机构负责人：
（盖公章）
年　月　日</td></tr>
</table>

C.13 工程项目施工质量核备表

<table>
<tr><td colspan="2">工程项目名称</td><td colspan="3"></td><td colspan="2">项目法人</td><td colspan="3"></td></tr>
<tr><td colspan="2">工程等级</td><td colspan="3"></td><td colspan="2">设计单位</td><td colspan="3"></td></tr>
<tr><td colspan="2">建设地点</td><td colspan="3"></td><td colspan="2">监理单位</td><td colspan="3"></td></tr>
<tr><td colspan="2">主要工程量</td><td colspan="3"></td><td colspan="2">施工单位</td><td colspan="3"></td></tr>
<tr><td colspan="2">开工、竣工日期</td><td colspan="3">年 月 日至
年 月 日</td><td colspan="2">评定日期</td><td colspan="3">年 月 日</td></tr>
<tr><td rowspan="2">序号</td><td rowspan="2">单位工程名称</td><td colspan="3">单元工程质量统计</td><td colspan="3">分部工程质量统计</td><td rowspan="2">单位工程等级</td><td rowspan="2">备注</td></tr>
<tr><td>个数（个）</td><td>其中优良（个）</td><td>优良率（%）</td><td>个数（个）</td><td>其中优良（个）</td><td>优良率（%）</td></tr>
<tr><td>1</td><td></td><td></td><td></td><td></td><td></td><td></td><td></td><td></td><td rowspan="12">加△者为主要单位工程</td></tr>
<tr><td>2</td><td></td><td></td><td></td><td></td><td></td><td></td><td></td><td></td></tr>
<tr><td>3</td><td></td><td></td><td></td><td></td><td></td><td></td><td></td><td></td></tr>
<tr><td>4</td><td></td><td></td><td></td><td></td><td></td><td></td><td></td><td></td></tr>
<tr><td>5</td><td></td><td></td><td></td><td></td><td></td><td></td><td></td><td></td></tr>
<tr><td>6</td><td></td><td></td><td></td><td></td><td></td><td></td><td></td><td></td></tr>
<tr><td>7</td><td></td><td></td><td></td><td></td><td></td><td></td><td></td><td></td></tr>
<tr><td>8</td><td></td><td></td><td></td><td></td><td></td><td></td><td></td><td></td></tr>
<tr><td>9</td><td></td><td></td><td></td><td></td><td></td><td></td><td></td><td></td></tr>
<tr><td>10</td><td></td><td></td><td></td><td></td><td></td><td></td><td></td><td></td></tr>
<tr><td>11</td><td></td><td></td><td></td><td></td><td></td><td></td><td></td><td></td></tr>
<tr><td colspan="2">单元工程、分部工程合计</td><td></td><td></td><td></td><td></td><td></td><td></td><td></td></tr>
<tr><td colspan="2">评定结果</td><td colspan="8">本项目单位工程 个，质量全部合格，其中优良工程 个，优良率 %；主要单位工程优良率 %</td></tr>
<tr><td colspan="3">监理单位意见</td><td colspan="3">项目法人意见</td><td colspan="4">工程质量监督机构核备意见</td></tr>
<tr><td colspan="3">工程项目质量等级：

总监理工程师：

监理单位：（公章）

年 月 日</td><td colspan="3">工程项目质量等级：

法定代表人：

项目法人：（公章）

年 月 日</td><td colspan="4">工程项目核备意见：

负责人：（签名）

质量监督机构：（公章）

年 月 日</td></tr>
</table>

C.14　阶段验收工程施工质量评价意见表

<table>
<tr><td colspan="2">工程项目名称</td><td></td><td>施工单位</td><td colspan="2"></td></tr>
<tr><td colspan="2">工程名称</td><td></td><td>施工日期</td><td colspan="2">自　　年　月　日
至　　年　月　日</td></tr>
<tr><td colspan="2">工程部位</td><td></td><td>评价日期</td><td colspan="2">年　月　日</td></tr>
<tr><td>序号</td><td>部分工程名称</td><td>工程质量
合格与否</td><td>序号</td><td>部分工程名称</td><td>工程质量
合格与否</td></tr>
<tr><td>1</td><td></td><td></td><td>8</td><td></td><td></td></tr>
<tr><td>2</td><td></td><td></td><td>9</td><td></td><td></td></tr>
<tr><td>3</td><td></td><td></td><td>10</td><td></td><td></td></tr>
<tr><td>4</td><td></td><td></td><td>11</td><td></td><td></td></tr>
<tr><td>5</td><td></td><td></td><td>12</td><td></td><td></td></tr>
<tr><td>6</td><td></td><td></td><td>13</td><td></td><td></td></tr>
<tr><td>7</td><td></td><td></td><td>14</td><td></td><td></td></tr>
<tr><td colspan="6">本次阶段验收共　个单元工程，工程已全部完成，工程质量全部合格</td></tr>
<tr><td colspan="2">施工质量检验资料</td><td colspan="4"></td></tr>
<tr><td colspan="2">第三方检测资料</td><td colspan="4"></td></tr>
<tr><td colspan="2">质量事故处理情况</td><td colspan="4"></td></tr>
<tr><td colspan="2">施工单位自评意见：
工程质量达到合格等级以上。
评定人：

项目经理：

（盖公章）

年　月　日</td><td>监理单位复核意见：

复核人：

总监或副总监：

（盖公章）

年　月　日</td><td colspan="2">项目法人认定意见：

认定人：

单位负责人：

（盖公章）

年　月　日</td><td>监督机构评价意见：

评价人：

机构负责人：

（盖公章）

年　月　日</td></tr>
</table>

C.15　列席工程分部（单位）工程验收意见

项目法人：

我单位派员列席了你方组织的工程分部（单位）工程验收会，对其工程验收会提出以下监督意见：

本次验收条件基本具备，验收人员组成基本符合要求，验收程序规范有序，工程资料基本齐全，验收结论明确，但工程现场还存在：

1.

2.

3.　　　　　　　　　　　　　　　　　　　　等问题。

请及时整改处理，工程验收后10日内要求对工程质量验收结论进行核备。

列席人员：

××质量与安全监督项目站（监督机构）

年　　月　　日

附录D　质量管理行为监督检查表（示范）

D.1　项目法人质量管理体系建立检查表

D.2　项目法人质量管理体系运行检查表

D.3　勘察、设计单位现场服务体系建立检查表

D.4　勘察、设计单位现场服务体系运行检查表

D.5　监理单位质量控制体系建立检查表

D.6　监理单位质量控制体系运行检查表

D.7　施工单位（金属结构、设备安装）质量保证体系建立检查表

D.8　施工（金属结构、设备安装）单位质量保证体系运行检查表

D.9　质量检测单位质量保证体系建立检查表

D.10　质量检测单位工地试验室质量保证体系运行检查表

注：上述表格收录了《水利工程建设质量与安全生产监督检查办法（试行）》（水监督〔2019〕139号）中的质量管理违规行为的大部分严重问题，其他问题的检查应参照《办法》监督检查，监督检查单位可根据工程的实际情况进行完善、修改。

D.1　项目法人质量管理体系建立检查表

<table>
<tr><td>工程名称</td><td></td><td>项目法人（建设单位）</td><td></td></tr>
<tr><td>检查项目</td><td>检 查 内 容</td><td colspan="2">监督检查情况</td></tr>
<tr><td>项目法人组建</td><td>组建项目法人，明确法人代表及技术负责人</td><td colspan="2"></td></tr>
<tr><td>质量管理机构</td><td>设立质量管理职责机构、明确质量主要负责人，配备质量管理人员数量、专业、职称满足工程建设的需要，并明确质量管理岗位职责</td><td colspan="2"></td></tr>
<tr><td rowspan="3">质量管理制度</td><td>内部质量管理制度［工程质量领导责任制、责任追究制和质量奖惩制度、质量缺陷管理制度、质量管理工作计划（方案），质量管理网络和联络员制度、施工图审查管理办法及设计变更管理办法，质量安全报告制度，工程档案管理制度及质量评定、检查、工程验收等方面的管理制度］及执行情况</td><td colspan="2"></td></tr>
<tr><td>对参建单位的质量管理制度（对参建单位质量管理体系、质量行为和实体质量的检查、奖惩、责任追究等制度）及执行情况</td><td colspan="2"></td></tr>
<tr><td>制定项目执行技术标准清单，并设置对参建单位执行强制性标准的检查环节和要求</td><td colspan="2"></td></tr>
<tr><td>质量管理措施</td><td>是否委托开展第三方检测，委托质量检测机构的资质情况；检测方案的编制与报备及执行情况</td><td colspan="2"></td></tr>
<tr><td>质量管理资料核备（确认）</td><td>项目划分确认、单位工程外观质量评定标准、临时工程质量检验及评定标准</td><td colspan="2"></td></tr>
<tr><td>检查中发现的其他情况</td><td>质量终身责任承诺书的签订及公示标牌设置情况；是否及时组织研究或落实初步设计审查意见中确定需要解决的问题；是否按规定办理质量监督手续等</td><td colspan="2"></td></tr>
<tr><td colspan="4">被检查单位代表（签名）：</td></tr>
<tr><td colspan="4">监督单位检查意见：
监督人员（签名）：　　　　　　　　监督单位（盖章）：
年　月　日</td></tr>
</table>

D.2 项目法人质量管理体系运行检查表

<table>
<tr><td>工程名称</td><td></td><td>项目法人</td><td></td></tr>
<tr><td>检查项目</td><td>检 查 内 容</td><td colspan="2">监督检查情况</td></tr>
<tr><td>质量管理机构及人员</td><td>变化情况</td><td colspan="2"></td></tr>
<tr><td rowspan="8">质量管理制度执行情况</td><td>组织设计交底情况（办理测量基准点的交接手续及基准点精度、组织施工图审查等情况）</td><td colspan="2"></td></tr>
<tr><td>对设计、监理、施工单位质量体系运行实施检查情况；对质量监督、质量巡查、质量检查和稽查发现的质量问题及时整改到位或责任追究；对设计、监理和施工单位主要人员管理情况（质量管理责任人履职到位情况、驻场时间、责任心情况，对存在的问题处理情况等）</td><td colspan="2"></td></tr>
<tr><td>重要隐蔽（关键部位）单元工程、分部工程、单位外观质量评定、单位工程及工程项目质量施工等级评定、验收、核备情况及工程质量缺陷备案情况</td><td colspan="2"></td></tr>
<tr><td>法人验收情况，验收质量结论和工程质量等级评定是否规范（是否及时组织完工验收或验收不合格即擅自交付使用；对不合格的工程处理情况，提交的验收资料真实、完整性，工程验收发现问题处理等情况）</td><td colspan="2"></td></tr>
<tr><td>强制性标准贯彻执行情况</td><td colspan="2"></td></tr>
<tr><td>设计变更程序履行情况</td><td colspan="2"></td></tr>
<tr><td>有无明示或暗示设计、施工单位违反强制性标准，降低工程质量行为</td><td colspan="2"></td></tr>
<tr><td>有无明示或暗示施工单位使用不合格的建筑材料、构配件、设备</td><td colspan="2"></td></tr>
<tr><td rowspan="2">质量管理措施执行情况</td><td>对施工现场和实体质量管理情况、检测方案实施情况、竣工检测安排落实情况；竣工检测方案是否报质量监督单位审核（根据竣工验收主持单位的要求）</td><td colspan="2"></td></tr>
<tr><td>对施工自检和监理平检方案执行情况审查</td><td colspan="2"></td></tr>
<tr><td>检查中发现的其他情况</td><td>是否不合理压缩工期；是否存在不配合上级部门质量检查工作，对发现的问题推诿扯皮，不按要求提交资料或销毁、隐匿资料的情况；历次监督检查、巡查提出质量问题整改情况</td><td colspan="2"></td></tr>
<tr><td colspan="4">被检查单位代表（签名）：</td></tr>
<tr><td colspan="4">监督单位检查意见：
监督人员（签名）： 监督单位（盖章）：
年 月 日</td></tr>
</table>

D.3　勘察、设计单位现场服务体系建立检查表

<table>
<tr><td>工程名称</td><td></td><td>勘察、设计单位</td><td></td></tr>
<tr><td>检查项目</td><td>检 查 内 容</td><td colspan="2">监督检查情况</td></tr>
<tr><td rowspan="2">组织机构</td><td>勘察、设计营业执照、资质证书</td><td colspan="2"></td></tr>
<tr><td>现场设代机构设立或派驻设计代表情况</td><td colspan="2"></td></tr>
<tr><td rowspan="2">设代人员</td><td>项目负责人，签订质量责任书及公示情况</td><td colspan="2"></td></tr>
<tr><td>人员数量、资格及专业情况（专业配套及人员资格、数量是否满足现场施工需要）</td><td colspan="2"></td></tr>
<tr><td rowspan="5">服务制度</td><td>设计文件、图纸签发制度及执行情况（包括初步设计审查意见的落实情况，勘测设计内容与深度是否满足规范标准的要求，病险水库除险加固项目设计成果与安全鉴定成果核查意见的对应情况等）</td><td colspan="2"></td></tr>
<tr><td>设计技术交底制度及执行情况</td><td colspan="2"></td></tr>
<tr><td>现场设计通知、设计变更的审核及签发制度及执行情况</td><td colspan="2"></td></tr>
<tr><td>工程验收（是否参加分部工程验收、单位工程验收、施工合同完成验收、阶段验收、竣工验收；是否对不合格工程、不合格项目同意验收；提交的验收资料是否真实、完整）</td><td colspan="2"></td></tr>
<tr><td>强制性标准执行制度</td><td colspan="2"></td></tr>
<tr><td>检查中发现的其他情况</td><td></td><td colspan="2"></td></tr>
<tr><td colspan="4">被检查单位代表（签名）：</td></tr>
<tr><td colspan="4">监督单位检查意见：

监督人员（签名）：　　　　　　　　监督单位（盖章）：

年　月　日</td></tr>
</table>

D.4 勘察、设计单位现场服务体系运行检查表

工程名称		勘察（设计）单位	
检查项目	检查内容	监督检查情况	
设代机构及人员	情况变化及人员出勤情况（设代人员驻工地现场时间是否满足合同要求）		
主要服务制度执行情况	设计深度情况、设计技术交底及提供设计图纸及服务等情况（是否根据勘察成果文件进行工程设计；是否按照合同和工程建设强制性条文进行勘察设计工作；是否存在由于勘察设计漏项及错误或设计深度不够等问题，造成重大设计变更或引发工程质量问题；前期地质勘察工作深度是否满足要求；是否参加质量事故调查、分析和处理；是否设置外委成果的质量把关环节；初步设计审查批复意见是否落实或结果是否适用；环保、水保、移民等专业设施设计深度情况；专业设计成果是否存在缺陷、缺项或漏项；是否按合同要求或供图协议及时提供施工图和设计文件；是否按要求编制“年度度汛报告”或“度汛技术要求”）		
	强制性标准贯彻执行情况		
	设计变更、现场设计问题处理是否及时（设计变更报告是否未经批复擅自提供变更图纸；是否按规定履行重大设计变更程序；对工程施工中出现的特殊地质问题是否及时作出地质预报和提出处理方案；工程地形或建设条件发生较大变化时，是否及时调整设计；是否按要求进行建基面地质编录和编写地质情况说明）		
	参加重要隐蔽（关键部位）单元工程联合检查验收、分部工程及单位工程验收等情况		
	是否按规定编制设计变更文件，开展设计交底，参加工程验收，及时提供验收资料，现场服务工作记录等情况		
检查中发现的其他情况	对质量监督、质量检查、质量巡查和稽查等发现的质量问题是否及时整改并整改到位		
被检查单位代表（签名）：			
监督单位检查意见： 监督人员（签名）：　　　　监督单位（盖章）： 年　月　日			

D.5 监理单位质量控制体系建立检查表

工程名称		监理单位	
检查项目	检 查 内 容	监督检查情况	
组织机构	资质证书（是否具备承担监理服务范围的资质）		
	现场监理机构设置情况（派驻现场监理人员数量、专业、资格不符合合同约定或不能满足工程建设需要）		
监理人员	总监理工程师变更情况［主要监理人员变更是否报项目法人（项目建管单位）批准］，公示质量责任人情况		
	监理工程师变更情况（是否私自变更主要监理人员）		
	监理机构人员到岗情况（主要人员驻工地时间是否满足合同约定）		
监理控制措施	质量控制目标的制定及宣贯情况		
	检测设备进场情况，平行、跟踪检测或委托检测实施计划		
	监理规划编制及报备情况		
	监理实施细则（是否履行审批手续；巡视检测要点、旁站范围、控制要点等）及报备情况		
质量控制制度	质量终身责任承诺书签订及岗位责任制建立情况		
	会议制度（是否组织设计交底会议）		
	技术文件核查、审核和审批制度（是否按规定对施工单位的测量方案、成果进行批准和实地复核；是否对不具备开工条件的分部工程批准开工；是否按规定执行设计变更管理程序）		
	原材料、中间产品和工程设备报验制度		
	工程质量报验制度		
	工程计量付款签证制度		
	紧急情况报告及监理报告制度		
	工程验收制度		
	设置检查技术标准环节和要求情况、强制性条文符合性审核制度		
检查中发现的其他情况	对施工单位质量保证体系检查情况		
被检查单位代表（签名）：			
监督单位检查意见： 监督人员（签名）： 监督单位（盖章）： 年 月 日			

D.6 监理单位质量控制体系运行检查表

工程名称		监理机构	
检查项目	检 查 内 容	监督检查情况	
人员变化情况	总监理工程师和监理人员出勤情况（总监理工程师是否挂名不履职、长期不在岗）		
监理控制制度执行情况	例会制度执行情况，核查签发施工图纸及技术文件的情况，审批施工准备情况［包括施工（工艺及试验）方案，专项检测方案等］，签发监理指示、通知、批复、纪要等文件的情况		
	对工序、单元、分部工程质量复核情况［是否签证不合格的建设工程；是否对施工单位的质量评定资料进行复核或复核不认真，签认存在明显错误的质量评定表；单元（工序）工程是否经检验合格即默认下道工序施工或是否制止下道工序施工；是否未按规程规范要求组织重要隐蔽（关键部位）单元工程（或设备安装主要单元工程）质量验收即允许或默认下道工序施工，或是否对施工单位违规进行下道工序施工行为进行制止；单元工程评定评定资料是否弄虚作假］		
	监理日志、月报、有关文件编制情况（是否提交各时段工程验收监理工作报告），月报的报备情况		
	施工质量缺陷是否备案（对质量缺陷的处理是否实施监督、检验及验收；检验和验收是否记录齐全；出现质量问题是否及时召开质量专题会议，或议定的事项是否落实）		
	检查施工单位技术标准执行情况		
	对施工单位质量保证体系运行检查及主要人员出勤管理情况		

续表

<table>
<tr><th>检查项目</th><th>检 查 内 容</th><th>监督检查情况</th></tr>
<tr><td rowspan="3">监理控制措施</td><td>监理规划和监理实施细则落实情况［是否按合同和规范规定对重要隐蔽（关键部位）单元工程、主要工序施工过程进行旁站监理或旁站记录］</td><td></td></tr>
<tr><td>监理抽检工作开展情况［是否对施工单位地质复勘和土料场复勘等工作进行监督检查；平行检测、跟踪检测工作是否符合规范要求；是否委托不具备资质的试验检测单位进行检测；是否对平行检测不合格的材料和中间产品的处理措施不力；对明显的质量问题是否能及时发现或对发现的质量问题是否及时下发监理指令；工序检验制度执行情况、平行检验和验收情况等］</td><td></td></tr>
<tr><td>主要原材料、中间产品见证取样，进、退场设备验收情况［对进场使用的原材料、中间产品，是否履行审批手续或审批工作存在不足；是否签证未经检验或检验不合格的建筑材料、建筑构配件和设备；是否批准使用存在错误的混凝土（砂浆）配合比］</td><td></td></tr>
<tr><td colspan="2">检查中发现的其他情况（是否与施工单位串通，弄虚作假、降低工程质量；应由总监理工程师签字的文件是否由他人代签；对质量监督、质量巡查、质量检查和稽查提出的整改意见是否落实；监理日志、日记等资料是否造假；监理单位与施工单位以及建筑材料、建筑构配件和设备供应单位是否有隶属关系或者其他利害关系；是否安排专人负责信息管理，制定监理收发文管理办法）</td><td></td></tr>
<tr><td colspan="3">被检查单位代表（签名）：</td></tr>
<tr><td colspan="3">监督单位检查意见：

监督人员（签名）：　　　　　　　　监督单位（盖章）：

年　月　日</td></tr>
</table>

D.7 施工单位（金属结构、设备安装）质量保证体系建立检查表

工程名称		施工单位	
检查项目	检 查 内 容	监督检查情况	
组织机构	营业执照（设备制造）、资质证书、安全生产许可证是否符合合同及工程等级要求		
	施工现场项目经理部组建，明确质量管理职责机构及主要质量管理技术人员，质量责任书签订及公示质量责任人情况		
质量管理人员	项目经理、技术负责人（变更、资格）		
	专职质检、试验检测和测量人员持证情况		
质量保证制度	质量目标的制定和保证措施，工程验收计划的制定等		
	岗位质量责任及考核办法，落实质量责任制（包括下属作业队和职能部门签订质量责任书）		
	工程质量保证制度（工程质量检验评定制度、工程质量例会制度，工程原材料和中间产品检测制度、质量事故责任追究及奖惩制度，档案管理制度等）		
	设置执行检查技术标准的环节和要求，对强制性标准执行情况检查制度		
	“三检制”制度（数据或资料是否真实）		
质量措施	施工技术方案（施工组织设计、施工方案及措施计划等是否未经审批擅自组织施工；是否未经监理批准擅自变更施工方案）		
	技术交底情况		
	施工工艺试验方案、专项检测方案（包括自检方案）的编制及成果报验情况		
	单位（委托）实验室检测资质、试验人员资格，工地实验室设立是否满足合同约定和工程实践需要，检测设备进场情况，检测台账建立情况		
	施工作业指导书的编制情况		
检查中发现的其他情况	特殊工种、关键岗位作业人员是否做到持证上岗或配备满足施工要求		
被检查单位代表（签名）：			
监督单位检查意见： 监督人员（签名）： 监督单位（盖章）： 年 月 日			

D.8 施工（金属结构、设备安装）单位质量保证体系运行检查表

<table>
<tr><td>工程名称</td><td></td><td>施工单位</td><td></td></tr>
<tr><td>检查项目</td><td>检 查 内 容</td><td colspan="2">监督检查情况</td></tr>
<tr><td>人员变化及出勤情况</td><td>主要管理人员出勤情况（对照合同文件、考勤表、会议记录等，检查工程项目主要管理人员到位情况、持证上岗情况）</td><td colspan="2"></td></tr>
<tr><td rowspan="6">质量保证制度执行情况</td><td>质量管理制度落实情况（质量检验、质量事故报告、技术交底、施工组织方案审批等制度）</td><td colspan="2"></td></tr>
<tr><td>质量岗位责任制的落实情况（检查质量管理岗位人员履职情况）</td><td colspan="2"></td></tr>
<tr><td>强制性标准贯彻执行情况</td><td colspan="2"></td></tr>
<tr><td>工序、单元工程检验、自评和报验情况（检查质检员持证情况、查验工程质量评定资料；是否有上道工序检验不合格、未处理即进行下道工序施工的情况）</td><td colspan="2"></td></tr>
<tr><td>重要隐蔽（关键部位）单元工程联合检查验收情况（隐蔽工程或隐蔽部位是否未经联合质量检查验收，自行隐蔽）</td><td colspan="2"></td></tr>
<tr><td>原材料、半成品、构配件、设备的进场检验及报验情况（原材料的合格证和进场检验记录资料；料场分区规划、最大干密度取值是否具有代表性；预应力锚具、夹具、波纹管及橡胶支座是否未经检验或检验资料不全，即用于工程；水工金属结构、启闭机及机电产品检查和验收情况）、现场管理情况</td><td colspan="2"></td></tr>
</table>

续表

<table>
<tr><th>检查项目</th><th>检 查 内 容</th><th>监督检查情况</th></tr>
<tr><td rowspan="5">质量措施方案执行情况</td><td>按设计图纸施工情况（是否未按合同要求进行地质复勘和料场复勘；是否存在无施工图纸施工或按照草图施工的情况；对照施工图及工程隐蔽验收资料检查工程实体）</td><td></td></tr>
<tr><td>关键施工参数由实验室或工艺试验确定情况（主要抽查混凝土配合比、土方碾压试验、灌浆试验等关键部位施工工艺参数；测量仪器、设备仪表等是否按规定进行检定或校准；混凝土、砂浆配料单是否未经监理审核即使用等）</td><td></td></tr>
<tr><td>对涉及结构安全的试块、试件及材料的取样送检情况（检查检测制度执行情况，检查检测单位是否具备有效资质；抽查涉及结构安全的试块、试件、材料取样数量及检测结论；送检试样是否弄虚作假；混凝土、砂浆、灌浆浆液、水泥改性土等配合比设计是否符合规程规范要求）</td><td></td></tr>
<tr><td>施工期观测资料的收集、整理和分析情况</td><td></td></tr>
<tr><td>专项施工方案及自检方案的执行情况</td><td></td></tr>
<tr><td colspan="2">检查中发现的其他情况：质量缺陷处理结果是否符合质量标准；质量缺陷修补质量检查资料是否真实；是否擅自处理质量缺陷或自行掩盖；对设计、建管、监理、质量监督、监督检查、质量巡查和稽查等发现的质量问题整改情况；施工现场原材料、中间产品工程实体是否存在影响结构安全或使用功能的质量问题</td><td></td></tr>
<tr><td colspan="3">被检查单位代表（签名）：</td></tr>
<tr><td colspan="3">监督单位检查意见：
监督人员（签名）：　　　　监督单位（盖章）：
年　月　日</td></tr>
</table>

D.9　质量检测单位质量保证体系建立检查表

工程名称		检测单位	
检查项目	检 查 内 容	监督检查情况	
组织机构	资质证书、业务范围		
	工地试验室（是否经检测单位授权或经省水行政主管部门和省计量认证部门批准）		
现场管理及检测人员	现场主要管理人员不满足检测需要及合同要求		
	检测人员资格是否符合要求，是否持证上岗		
现场设备仪器	设备仪器		
	设备仪器检定情况（主要试验仪器、设备是否经县级以上计量部门检定）		
试验室设施和环境	设施场地		
	环境条件		
质量管理制度	检测工作制度		
	质量手册、程序文件、作业指导书		
	仪器设备检定校验计划		
	设备仪器操作规程		
检测措施	检测方案（检测项目、数量）报委托人确认（检测报告的检测项目是否在资质认定或授权范围内）		
检查中发现的其他情况	检测单位及检测人员与其从事的检测活动以及出具的数据和结果存在利益关系；承担第三方检测任务的质量检测单位是否做到独立公正开展检测业务		
被检查单位代表（签名）：			
监督单位检查意见： 监督人员（签名）：　　　　监督单位（盖章）： 年　月　日			

D.10 质量检测单位工地试验室质量保证体系运行检查表

<table>
<tr><td>工程名称</td><td></td><td>检测单位</td><td></td></tr>
<tr><td>检查项目</td><td>检 查 内 容</td><td colspan="2">监督检查情况</td></tr>
<tr><td>人员配备变化情况</td><td>检测人员、技术负责人变化情况</td><td colspan="2"></td></tr>
<tr><td rowspan="4">检测管理制度执行情况</td><td>转包、违规分包检测业务（查验从业人员与委托单位劳动人事关系）</td><td colspan="2"></td></tr>
<tr><td>计量器具检定或率定情况，试验员持证上岗情况</td><td colspan="2"></td></tr>
<tr><td>有关检测标准和规定执行情况</td><td colspan="2"></td></tr>
<tr><td>检测单位和相关检测人员在检测报告上签字印章（检测报告是否存在盖章、签字不全或采用无效印章、无效的电子签名及他人代签的情况）</td><td colspan="2"></td></tr>
<tr><td rowspan="4">检测方案执行情况</td><td>及时提交检测报告（核查报告与施工进度的时效性）</td><td colspan="2"></td></tr>
<tr><td>及时报告影响工程安全及正常运行的检测结果（检查台账）</td><td colspan="2"></td></tr>
<tr><td>建立检测结果不合格项目台账（核对检测报告和台账）</td><td colspan="2"></td></tr>
<tr><td>检查中发现的其他情况（是否出具虚假质量检测报告，篡改、伪造或随意抽撤质量检测报告；是否将存在工程安全问题、可能形成质量隐患或影响工程正常运行的检测结果及时报告委托方）</td><td colspan="2"></td></tr>
<tr><td colspan="4">被检查单位代表（签名）：</td></tr>
<tr><td colspan="4">监督单位检查意见：

监督人员（签名）： 监督单位（盖章）：
年 月 日</td></tr>
</table>

附录E　安全生产管理行为监督检查表（示范）

E.1　项目法人安全管理体系建立检查表

E.2　项目法人安全生产体系运行管理情况检查表

E.3　勘察、设计单位现场服务安全生产体系建立落实检查表

E.4　质量检测单位安全生产保证体系建立检查表

E.5　监理单位安全控制体系建立检查表

E.6　监理单位安全生产控制体系运行检查表

E.7　施工单位安全保证体系建立检查表

E.8　施工单位安全生产保证体系运行情况检查表

E.9　施工现场安全生产检查表

注：上述表格收录了《水利工程建设质量与安全生产监督检查办法（试行）》（水监督〔2019〕139号）中的大部分严重安全生产管理违规行为，其他问题的检查应参照《办法》监督检查，监督检查单位可根据工程的实际情况进行完善、修改。

E.1　项目法人安全管理体系建立检查表

工程名称		项目法人（建设单位）	
检查项目	检 查 内 容	监督检查情况	
安全管理部门	设立安全生产管理小组，内设专职机构，明确相关职责		
安全管理人员	配备专职安全管理人员，并对从业人员进行安全生产教育和培训		
安全生产目标管理（责任）制度	建立安全生产责任、管理制度，制定项目安全生产总体目标和年度目标，主要负责人审批，正式文下发		
	制订安全生产目标管理计划，报项目主管部门备案		
	逐级签订安全生产目标责任书（安全生产责任书签订）		
	目标考核办法制订情况		
其他安全生产管理制度	费用管理、教育培训、安全事故隐患排查治理、应急管理、事故管理等14项制度建立情况及重大危险源辨识确认情况		
安全措施方案制订、备案及布置情况	是否对安全设施开展“三同时”工作，是否编制安全生产保证措施方案并在主管部门备案；开工前，是否对措施方案进行布置，明确安全生产责任		
拆除工程或爆破工程	施工单位资质、施工方案备案情况		

续表

检查项目	检 查 内 容	监督检查情况
度汛与应急管理	进入汛期前，是否编制度汛方案，是否建立汛期值班和检查制度，是否开展汛期水雨情预报信息通告及防汛度汛专项检查工作，是否制定生产安全事故应急救援预案，对其进行消防、应急等演练	
安全监督办理情况	是否办理安全监督手续、提供危险性较大的单项工程清单和安全生产管理措施	
对参建单位的安全生产管理体系检查情况		
检查中发现的其他情况：		
被检查单位代表（签名）：		
监督单位检查意见： 监督人员（签名）：　　　　监督单位（盖章）： 年　月　日		

E.2　项目法人安全生产体系运行管理情况检查表

工程名称		项目法人	
检查项目	检　查　内　容	监督检查情况	
人员变化	人员有变化是否进行及时调整（是否按规定对施工单位的主要负责人、项目负责人以及专职安全生产管理人员资格进行审查）		
管理制度执行情况	招标中是否对安全生产费用单列，专款专用，是否调减、挪用安全管理措施费用，或是否按合同约定支付安全管理措施费用		
	是否按期召开例会、适时召开安全生产专题会议，会议记录是否完整，会议要求落实情况（是否参与安全防护设施设备、危险性较大的单项工程验收；是否参与工程重点部位、关键环节的安全技术交底）		
	是否至少每月组织一次安全生产综合检查		
	是否组织隐患排查，问题整改是否闭合		
对施工单位安全生产资格审查	资格审查时已对安全生产许可证进行审查；是否按规定发包拆除、爆破等专业工程		
	对分包单位安全生产许可证进行审查		
	建设过程中安全生产许可证有效性审查		
	进场时，核查“三类人员”安全生产考核合格证		
	建设过程中新进人员安全生产考核合格证核查		
	建设过程中安全合格证的有效性核查		

续表

检查项目	检 查 内 容	监督检查情况
重大危险源辨识及治理情况	重大危险源辨识、审核、确定危险等级情况；或根据情况组织专家或委托评估机构对重大危险源进行评估，形成评估报告；隐患治理“五落实”。是否对重大危险源防控措施进行验收	
安全生产措施落实情况	是否按规定对安全生产措施进行布置，是否明确参建各方的安全生产责任。接到监理单位等相关单位未按专项施工方案实施报告后，是否责令有关单位立即停工整改	
安全评估	根据施工现状，开展工程现状安全评估情况	
安全事故处理	是否及时上报，并启动相关应急响应	
检查中发现的其他情况	是否向施工单位提供施工现场及相应区域内的地下管线、气象及水文观测等资料	
被检查单位代表（签名）：		
监督单位检查意见： 监督人员（签名）：　　　　监督单位（盖章）： 年　月　日		

E.3　勘察、设计单位现场服务安全生产体系建立落实检查表

工程名称		勘察、设计单位	
检查项目	检 查 内 容	监督检查情况	
安全生产管理机构	大、中型工程是否设立现场设代机构，设立安全生产管理机构；或配备专职人员；是否对从业人员进行安全生产教育和培训		
安全生产管理制度	是否制定项目安全生产总体目标和年度目标，教育培训制度、安全生产责任制度（责任书签订）、安全生产检查制度等制度建立情况与落实情况		
设计服务主要工作	是否在设计报告中设置安全专篇或按强制性条文开展工作；是否按规定在设计文件标明施工安全的重点部位、环节，或针对预防安全事故提出意见、建议；是否落实初步设计中安全专篇内容和初步设计审查通过的安全专篇审查意见		
	是否对工程外部环境、工程地质、水文条件对工程施工安全可能构成的影响、工程施工对当地环境安全可能造成的影响，以及工程主体结构和关键部位的施工安全注意事项等进行设计交底		
	是否对较大安全风险的设计变更提出安全风险评价		

续表

检查项目	检　查　内　容	监督检查情况
设计服务主要工作	是否确定度汛标准和度汛要求	
	编制工程概算时，是否按规定计列建设工程安全作业环境及安全施工措施所需费用	
	是否按规定参与生产安全事故分析	
	是否对较大安全风险的设计变更提出安全风险评价	
检查中发现的其他情况		
被检查单位代表（签名）：		
监督单位检查意见： 监督人员（签名）：　　　　监督单位（盖章）： 年　月　日		

E.4 质量检测单位安全生产保证体系建立检查表

工程名称		质量检测单位	
检查项目	检查内容	监督检查情况	
安全生产管理机构	设立安全生产管理机构或配备专职人员		
安全生产管理制度	教育培训制度、安全生产责任制度（责任书签订）、安全生产检查制度等制度建立情况与落实情况		
质量安全隐患报告	是否明确对工程存在重大安全问题、有关参建单位违反法律、法规和强制性标准情况，及时报告委托方和项目主管部门等		
检查中发现的其他情况			
被检查单位代表（签名）：			
监督单位检查意见： 监督人员（签名）：　　监督单位（盖章）： 年　月　日			

E.5 监理单位安全控制体系建立检查表

工程名称		监理单位	
检查项目	检 查 内 容	监督检查情况	
安全人员配备	是否建立安全生产管理机构或是否配备专职安全监理人员		
安全生产责任制度	制度建立情况（是否编制安全生产规章制度、安全监理规划及细则）		
	是否建立项目安全责任制，安全生产责任书签订情况		
安全生产管理制度	安全生产费用、措施、方案审查、教育培训、安全生产例会、验收等7项制度建立情况并报法人备案		
安全监理规划与细则	是否编制危险性较大的单项工程监理规划和实施细则		
对施工单位相关事宜的审查情况	审查方案中技术措施是否符合工程建设强制性标准		
	是否按规定审查安全技术措施、专项施工方案，或对安全技术措施、专项施工方案审查不严；是否组织、参与安全防护设施设备、危险性较大的单项工程验收		
	是否审查施工单位安全生产许可证、三类人员及特种设备作业人员资格证书的有效性；对施工单位的安全体系及运行情况的审核记录（主要负责人、项目负责人及专职安全员的资格审查等）；是否按规定进行各类安全检查或实施监理		

续表

检查项目	检查内容	监督检查情况
检查中发现的其他情况	对监理过程中的安全隐患，是否及时指出并组织施工单位整改；情况严重时，是否要求暂时停工	

<table>
<tr><td>被检查单位代表（签名）：</td></tr>
<tr><td>监督单位检查意见：

监督人员（签名）：　　　　　　　　监督单位（盖章）：
年　月　日</td></tr>
</table>

E.6　监理单位安全生产控制体系运行检查表

工程名称		监理单位	
检查项目	检查内容要求与记录	监督检查情况	
安全生产管理制度执行情况	安全例会召开情况、是否做记录、检查会议要求措施落实情况		
	安全生产责任人职责和权利、义务是否明确，检查施工单位安全生产责任制落实情况		
	是否参加超过一定规模的危险性较大的单项工程专项施工方案审查论证会		
	是否定期和不定期巡视检查施工过程中危险性较大的施工作业情况、安全用电、消防措施、危险品管理和场内交通管理等情况；是否核查施工现场起重机械、整体提升脚手架和模板等设施和安全设施验收手续；是否检查施工现场是否符合工程建设标准强制性条文情况；发现的生产安全事故隐患未按规定要求整改，情况严重时未要求暂时停工		
	生产安全事故报告、处理措施检查情况		
	是否组织、参与安全防护设施设备、危险性较大的单项工程验收；是否组织对重大危险源防控措施进行验收		
	是否按规定审核拨付安全生产经费，是否按规定监督施工单位安全生产费的使用情况		

续表

检查项目	检查内容要求与记录	监督检查情况
安全监理规划或细则执行情况	是否对爆破等专项施工方案实施旁站监理	
	是否对重大危险源辨识进行审核，是否落实监控方案	
对施工单位安全生产保证体系运行、专项安全措施执行情况的审查		

被检查单位代表（签名）：

监督单位检查意见：

监督人员（签名）：　　　　监督单位（盖章）：

年　月　日

E.7 施工单位安全保证体系建立检查表

工程名称		施工单位	
检查项目	检 查 内 容	监督检查情况	
安全管理部门	是否设立安全生产管理小组，内设专职机构，明确相关职责		
安全管理人员	是否配备专职安全管理人员，及持证情况		
安全生产目标管理（责任制）	是否建立或落实安全生产管理制度、制定项目安全生产总体目标和年度目标，是否未按规定进行目标完成情况的考核、奖惩		
	是否制订安全生产目标管理计划，监理审核，报法人部门备案		
	是否逐级签订安全生产目标责任书（责任书签订情况）		
	目标考核办法制订情况		
专项施工方案	危险性较大的单项工程有无专项施工方案，方案是否经内部论证		
	超过一定规模危险性较大的单项工程有无专项施工方案，方案是否经外部专家论证		
度汛措施及应急管理	是否制定防汛度汛及抢险措施		
	是否制定安全事故应急综合、专项、现场处置方案		
	是否按规定配备应急救援、消防、联络通信等器材和设备		
	是否进行生产安全事故应急救援、防汛应急、消防等演练		

续表

检查项目	检 查 内 容	监督检查情况
其他安全生产管理制度	费用管理（包括调减、挪用安全管理措施费用）、安全技术措施审查；教育培训；安全事故隐患排查治理；安全防护设施、生产设施及设备、危险性较大的单项工程、重大事故隐患治理验收、安全例会、档案管理、应急管理、事故管理等制度建立情况	
检查中发现的其他情况		

被检查单位代表（签名）：

监督单位检查意见：

监督人员（签名）：

监督单位（盖章）：

年 月 日

E.8　施工单位安全生产保证体系运行情况检查表

<table>
<tr><td>工程名称</td><td></td><td>施工单位</td><td></td></tr>
<tr><td>检查项目</td><td>检查内容要求与记录</td><td colspan="2">监督检查情况</td></tr>
<tr><td rowspan="2">安全管理机构设立和人员配备变化情况</td><td>安全管理机构设立</td><td colspan="2"></td></tr>
<tr><td>安全管理人员到位</td><td colspan="2"></td></tr>
<tr><td rowspan="2">现场专职安全生产管理人员配备</td><td>人员数量满足需要</td><td colspan="2"></td></tr>
<tr><td>人员跟班作业</td><td colspan="2"></td></tr>
<tr><td rowspan="3">安全生产责任制</td><td>相关人员职责和权利、义务明确</td><td colspan="2"></td></tr>
<tr><td>单位与现场机构责任明确</td><td colspan="2"></td></tr>
<tr><td>检查分包单位安全生产责任制（包括总包与分包的安全生产协议）</td><td colspan="2"></td></tr>
<tr><td rowspan="6">安全生产培训落实情况</td><td>制度明确、有效实施</td><td colspan="2"></td></tr>
<tr><td>培训经费落实</td><td colspan="2"></td></tr>
<tr><td>所有员工每年至少培训一次</td><td colspan="2"></td></tr>
<tr><td>进入新工地或换岗培训</td><td colspan="2"></td></tr>
<tr><td>使用“四新”（新技术、新材料、新设备、新工艺）培训</td><td colspan="2"></td></tr>
<tr><td>培训档案齐全</td><td colspan="2"></td></tr>
<tr><td rowspan="3">安全生产例会制度执行情况</td><td>制度明确</td><td colspan="2"></td></tr>
<tr><td>执行有效</td><td colspan="2"></td></tr>
<tr><td>记录完整</td><td colspan="2"></td></tr>
</table>

续表

检查项目	检查内容要求与记录	监督检查情况
定期安全生产检查制度落实情况	制度明确	
	执行有效	
	整改验收情况	
	记录完整	
制定安全生产规章和安全生产操作规程落实情况	制度明确	
	制度齐全、执行有效	
“三类人员”安全生产考核合格证	施工企业主要负责人	
	项目负责人	
	专职安全生产管理人员	
特种作业人员资格证	所有特种作业人员资格证	
	资格证有效期	
安全施工措施费落实情况	措施费用使用计划	
	有效使用费用不低于报价	
	满足需要	
生产安全事故应急预案管理	预案完整并与其他相关预案衔接合理	
	定期演练	
	应急设备器材	
隐患排查情况	定期排查、及时上报	
	隐患治理“五落实”	
事故报告情况	报告制度	
	及时报告（安全监测发现重大异常，影响工程安全，是否按规定及时报告）	
接受安全监督	及时提供监督所需资料	
	监督意见及时落实	
分包合同管理	安全生产权利、义务明确	
	安全生产管理及时、有效	

续表

检查项目	检查内容要求与记录	监督检查情况
专项施工方案落实情况	危险性较大的工程明确	
	制定专项施工方案	
	制定施工现场临时用电方案	
	审核手续完备	
	专家论证	
施工前安全技术交底	项目技术人员向施工作业班组交底	
	施工作业班组向作业人员交底	
	签字手续完整	
专项防护措施	毗邻建筑物、地下管线	
	粉尘、废气、废水、固体废物、噪声、振动	
	施工照明	
安全防护用具、机械设备、机具	生产许可证	
	产品合格证	
	进场前查验	
	制度明确并有专人管理	
	定期检查、维修和保养	
	资料档案齐全	
	使用有效期	
特种设备	施工起重设备验收（安装非原制造厂的标准节和附着装置且无方案及检测，同一作业多台设备运行无防撞方案或方案未实施）	
	整体提升脚手架验收	
	自升式模板验收	
	租赁设备使用前验收	
	特种设备使用有效期	
	验收合格证标志置放	
	特种设备合格证或安全检验合格标志	
	维修、保养、定期检测制度建立及落实情况	

续表

检查项目	检查内容要求与记录	监督检查情况
危险作业人员	危险作业明确	
	办理意外伤害保险	
	保险有效期	
	保险费用支付	
工程度汛	度汛措施落实	
	组织防汛抢险演练	
被检查单位代表（签名）：		
监督单位检查意见： 监督人员（签名）：　　　　监督单位（盖章）： 年　月　日		

E.9 施工现场安全生产检查表

检查项目	检查内容要求与记录	监督检查情况
文明施工	建筑材料、构件、料具按总平面布局堆放；料堆应挂名称、品种、规格等标识牌；堆放整齐，做到工完场地清	
	易燃易爆物品分类存放	
	施工现场应能够明确区分工人住宿区、材料堆放区、材料加工区和施工现场、材料堆放加工应整齐有序	
施工管理措施	爆破、吊装等危险作业有专门人员进行现场安全管理	
	人、车分流，道路畅通，设置限速标志。场内运输机动车辆不得超速、超载行驶或人货混载	
	在建工程禁止住人	
	集体宿舍符合要求，安全距离满足要求	
脚手架	架管、扣件、安全网等合格证及检测资料	
	有脚手架、卸料平台施工方案	
	验收记录（含脚手架、卸料平台、安全网、防护棚、马道、模板等）	
施工支护	深度超过2m的基坑施工有临边防护措施	
	按规定进行基坑支护变形监测，支护设施已产生局部变形应及时采取措施调整	
	人员上下应有专用通道	
	垂直作业上下应有隔离防护措施	

续表

检查项目	检查内容要求与记录	监督检查情况
爆破作业	爆破作业和爆破器材的采购、运输、贮存、加工和销毁	
	爆破人员资质和岗位责任制、器材领发、清退制度、培训制度及审批制度	
	爆破器材储存于专用仓库内	
临时用电	施工现场应做好供用电安全管理，并有临时用电方案。配电箱开关箱符合三级配电两级保护	
	设备专用箱做到“一机、一闸、一漏、一箱”；严禁一闸多机	
	配电箱、开关箱应有防尘、防雨措施	
	潮湿作业场所照明安全电压不得大于24V；使用行灯电压不得大于36V；电源供电不得使用其他金属丝代替熔丝	
	配电线路布设符合要求，电线无老化、破皮	
	有备用的“禁止合闸、有人工作”标志牌	
	电工作业应佩戴绝缘防护用品，持证上岗	
吊装作业	塔吊应有力矩限制器、限位器、保险装置及附墙装置与夹轨钳	
	制定安装拆卸方案；安装完毕有验收资料或责任人签字	
	有设备运行维护保养记录	
	起重吊装作业应设警戒标志，并设专人警戒	
安全警示标志	在有较大危险因素的生产场所和有关设施、设备上，设置明显的安全警示标志	

续表

检查项目	检查内容要求与记录	监督检查情况
安全防护设施	在建工程应有预留洞口的防护措施	
	在建工程的临边有防护措施	
	在高处外立面，无外脚手架时，应张挂安全网	
	防护棚搭设与拆除时，应设警戒区，并应派专人监护，严禁上下同时拆除	
	对进行高处作业的高耸建筑物，应事先设置避雷设施	
个体安全防护	进入生产经营现场按规定正确佩戴安全帽，穿防护服装；从事高空作业应当正确使用安全带	
	电气作业应当穿戴绝缘防护用品	
安全设备	有维护、保养、检测记录；能保证正常运转	
	有易燃、易爆气体和粉尘的作业场所，应当使用防爆型电气设备或者采取有效的防爆技术措施	
消防安全管理	制定消防安全制度、消防安全操作规程	
	防火安全责任制，确定消防安全责任人	
	对职工进行消防宣传教育	
	防火检查，及时消除火灾隐患	
	建立防火档案，确定重点防火部位，设置防火标志	
	灭火和应急疏散预案，定期演练	
	按规定配备相应的消防器材、设施	
	消防通道畅通，消防水源保证	
	消防标志完整	

续表

检查项目	检查内容要求与记录	监督检查情况
施工现场安全保卫	施工现场进出口应有大门，有门卫	
	非施工人员不进入现场	
	必要遮挡围栏设置	
被检查单位代表（签名）：		
监督单位检查意见： 监督人员（签名）：　　　　监督单位（盖章）： 年　月　日		

附录F 工程质量安全投诉常用表格（示范）

F.1 工程质量安全投诉（举报）登记表
F.2 工程质量安全投诉调查报告
F.3 工程质量安全隐患处理通知
F.4 工程质量安全投诉处理意见书
F.5 质量安全问题处理证明
F.6 工程质量安全投诉处理情况记录表

F.1　工程质量安全投诉（举报）登记表

编号：　　　　　　　　填表人：　　　　　　　　填表时间：

<table>
<tr><td>投诉人</td><td colspan="6"></td><td colspan="6">地址</td><td colspan="6"></td><td colspan="6">联系电话</td><td colspan="6"></td></tr>
<tr><td>投诉方式</td><td colspan="6"></td><td colspan="6">投诉时间</td><td colspan="6"></td><td colspan="6">接诉人</td><td colspan="6"></td></tr>
<tr><td>工程名称</td><td colspan="6"></td><td colspan="6">工程现状</td><td colspan="6">（施工阶段
或已完工）</td><td colspan="6">工程所在地</td><td colspan="6"></td></tr>
<tr><td>建设单位</td><td colspan="6"></td><td colspan="6">监理单位</td><td colspan="6"></td><td colspan="6">勘察单位</td><td colspan="6"></td></tr>
<tr><td>设计单位</td><td colspan="6"></td><td colspan="6">施工单位</td><td colspan="6"></td><td colspan="6">检测单位</td><td colspan="6"></td></tr>
<tr><td>工程主要内容</td><td colspan="6"></td><td colspan="6">问题的
主要部位</td><td colspan="6"></td><td colspan="6">工程造价</td><td colspan="6"></td></tr>
<tr><td>主要问题简述</td><td colspan="30"></td></tr>
<tr><td rowspan="3">处理情况</td><td colspan="5">转文
（文号、
发文时间）</td><td colspan="5"></td><td colspan="5">传真（编号、
接收人、
接收时间）</td><td colspan="5"></td><td colspan="5">电话
（接收人、
接收时间）</td><td colspan="5"></td></tr>
<tr><td colspan="30">催办（时间、接话人、答复意见）</td></tr>
<tr><td colspan="30">办复情况（时间、方式、处理结果）</td></tr>
<tr><td colspan="31">备注：</td></tr>
</table>

F.2　工程质量安全投诉调查报告

编号：

<table>
<tr><td>工程名称</td><td colspan="3"></td></tr>
<tr><td>投诉内容</td><td colspan="3"></td></tr>
<tr><td>调查核实情况</td><td colspan="3"></td></tr>
<tr><td>责任认定与处理建议</td><td colspan="3"></td></tr>
<tr><td>其他应明确的事项</td><td colspan="3"></td></tr>
<tr><td rowspan="5">调查人签名</td><td>单位</td><td>职务、职称</td><td>签名</td></tr>
<tr><td></td><td></td><td></td></tr>
<tr><td></td><td></td><td></td></tr>
<tr><td></td><td></td><td></td></tr>
<tr><td></td><td></td><td></td></tr>
</table>

F.3　工程质量安全隐患处理通知

编号：

<table>
<tr><td>工程名称</td><td colspan="5"></td></tr>
<tr><td>核查情况</td><td colspan="5"></td></tr>
<tr><td>存在隐患</td><td colspan="5"></td></tr>
<tr><td>责任单位</td><td colspan="5"></td></tr>
<tr><td>处理意见</td><td colspan="5"></td></tr>
<tr><td>送达人</td><td></td><td>电话</td><td></td><td>时间</td><td></td></tr>
<tr><td>收件人签收</td><td></td><td>电话</td><td></td><td>时间</td><td></td></tr>
</table>

F.4 工程质量安全投诉处理意见书

编号：

工程名称	
投诉内容	
调查及鉴定情况	
处理意见	根据调查及鉴定情况，按下述项进行处理： 1. 该投诉超出我单位受理权限，建议向部门投诉。 2. 投诉的质量安全问题因________不当造成，建议责任单位无偿（有偿）修复。 3. 4. 5. 单位（盖章）：
投诉人签收	年　月　日
经办人	年　月　日

F.5 质量安全问题处理证明

编号：

<table>
<tr><td>工程名称</td><td></td></tr>
<tr><td colspan="2">质量安全处理情况：

项目经理：
施工单位（签章）：
年 月 日</td></tr>
<tr><td colspan="2">设计单位意见：

设计项目负责人：
设计单位（签章）：
年 月 日</td></tr>
<tr><td colspan="2">监理单位意见：

监理工程师：
监理单位（签章）：
年 月 日</td></tr>
<tr><td colspan="2">项目法人意见：

项目负责人：
建设单位（签章）：
年 月 日</td></tr>
</table>

F.6　工程质量安全投诉处理情况记录表

编号：

<table>
<tr><td rowspan="2">投诉人简介</td><td>姓名</td><td>性别</td><td>投诉方式</td><td>联系电话</td><td>单位（住址）</td></tr>
<tr><td></td><td></td><td></td><td></td><td></td></tr>
<tr><td rowspan="4">工程简况</td><td>工程地址</td><td colspan="4"></td></tr>
<tr><td>建设单位</td><td>设计单位</td><td>监理单位</td><td>施工单位</td><td>检测单位</td></tr>
<tr><td></td><td></td><td></td><td></td><td></td></tr>
<tr><td>问题处理单位</td><td></td><td>联系人
电话</td><td colspan="2"></td></tr>
<tr><td>投诉内容</td><td colspan="5"></td></tr>
<tr><td>调查及鉴定简况</td><td colspan="5"></td></tr>
<tr><td>处理方案及过程</td><td colspan="5"></td></tr>
<tr><td>处理结果</td><td colspan="5"></td></tr>
<tr><td>投诉人意见</td><td colspan="5"></td></tr>
<tr><td>经办单位</td><td colspan="2"></td><td>经办人</td><td colspan="2">年　月　日</td></tr>
</table>